冯伟民——著

了不起的化石

U0300506

人民邮电出版社

北 京

图书在版编目（ＣＩＰ）数据

了不起的化石 / 冯伟民著. -- 北京 ： 人民邮电出
版社，2024.5
　（图灵新知）
　ISBN 978-7-115-63847-2

　Ⅰ．①了… Ⅱ．①冯… Ⅲ．①化石－青少年读物
Ⅳ．①Q911.2-49

中国国家版本馆CIP数据核字(2024)第045840号

内 容 提 要

化石是远古时代留下的一种生命符号，它传递着远古时代生命的信息，蕴含无数惊心动魄的进化故事。本书通过介绍化石了不起的功能，不断地为我们揭开远古地球生命的神秘面纱。作者详细介绍了化石的各种重要作用，包括化石是拼接远古时代地球板块的"拼图师"、测量古气候的"温度计"、监测古环境的"监视器"、记录生物大灭绝的"记录者"、反映地球旋转变化的"天文台"，以及指示矿产资源的"藏宝图"等。本书内容丰富、通俗易懂，适合青少年阅读。

◆ 著　　　　　冯伟民
　责任编辑　　魏勇俊
　责任印制　　胡　南

◆ 人民邮电出版社出版发行　　北京市丰台区成寿寺路11号
　邮编　100164　电子邮件　315@ptpress.com.cn
　网址　https://www.ptpress.com.cn
　北京宝隆世纪印刷有限公司印刷

◆ 开本：880×1230　1/32
　印张：5.875　　　　　　　2024 年 5 月第 1 版
　字数：106千字　　　　　2024 年 5 月北京第 1 次印刷

定价：69.80 元
读者服务热线：(010)84084456-6009　印装质量热线：(010)81055316
反盗版热线：(010)81055315
广告经营许可证：京东市监广登字 20170147 号

序言

化石是远古时代留下的一种生命符号，它传递着远古时代生命的信息，蕴含无数惊心动魄的进化故事。古生物学家正是通过发现和研究化石，不断地为人类揭示远古时代地球生命的种种传奇故事。

化石拥有许多了不起的功能，它就像文字一样，书写着地球这本厚重的大书。尽管这本大书的文字残缺不全，但已经让如今的我们在一定程度上了解了地球生命所走过的不平凡之路。这些生命曾经创造的辉煌，也让我们深刻地认识到地球演变与生命进化之间的关联，感受到生命长河中不同寻常的历史和规律。

18世纪中期，化石被赋予科学的定义，它的神秘面纱被一层层揭开。英国地质学家威廉·史密斯发现，各类生物的化石在地层中的出现是有一定顺序的，每个地质时期的地层中都保存着特有的化石。也就是说，化石就像一个"时空指示器"，只要我们读懂了化石中所蕴含的信息，就相当于拥有了一台能够带我们重返远古时代的时光机器。

古生物学家通过观察化石的面貌和特征来鉴别化石的年龄，进而判定地球历史的年代。同时，通过研究化石，古生物学家还发现了地球上曾经存在的形形色色的生命形态。因此，化石好比是地球舞台上变化万千的"模特"。不仅如此，化石还是拼接远古时代地球板块的"拼图师"、测量古气候的"温度计"、监测古环境的"监视器"、记录生物大灭绝的"记录者"，甚至是反映地球旋转变化的"天文台"、指示矿产资源的"藏宝图"。对于收藏家而言，化石更是地地道道的集科学与艺术于一身的鉴赏品。

化石世界奇妙无比，化石故事充满传奇。这样的传奇将随着古生物学家更多的新发现与研究成果变得越来越生动和丰满，让人类更清晰地了解地球生命是如何从远古一路进化至今，并启迪和激励我们正确地认知自然和生命，更好地走向未来。

那么，化石到底有哪些了不起的传奇呢？让我们翻开本书尽情体会吧！

目录

|第 1 章|

化石传奇古已有之

化石在很早以前就受到人类的关注。它曾被古人视作圣物，并被赋予神秘的宗教色彩，它也被智者当作海陆变迁的证据，它甚至被用作祛病的药材。有关化石的传奇故事从古至今一直在流传。如今，人们赋予化石科学的含义，使其成为谈今论古探索地球演变和生命进化的主要对象。

1.1　古人对化石传奇的记载

中西方有着悠久的化石发现历史，化石很早就引起了古代人们的关注。古代一些学者已经意识到化石具有不同寻常的作用，反映海陆变迁等的古朴思想古已有之。此外，古人很早就发现了化石的药用价值，并对其进行了利用。直到 18 世纪，随着近代工业文明的发展，化石研究走上了科学的发展道路。

1.1.1　中国先人对化石的认知

早在公元前四五世纪的春秋战国时期，中国先人就有了关于化石的记载，如《山海经·中山经》中说："又东二十里，曰金星之山，多天婴，其状如龙骨，可以已痤。"这里的"龙骨"指的是脊椎动物的化石，其中以哺乳动物的化石为主，也有少量爬行动物的化石。

《山海经·海外西经》中说："龙鱼陵居在其北，状如狸。"这表明当时的人们已经认识了外形像鲤鱼的鱼化石，并且还给它起了"鰕""鳖鱼"等别称。

图1　《山海经》中的神兽貔貅

战国时期韩国学者韩非子在其所著的《韩非子》中说："人稀见生象也，而得死象之骨，案其图以想其生也。"意思是说，在他生活的华北地区，人们很少看到活着的大象，却可以在地下挖掘出已经灭绝的古象遗骨。由于在一万多年前的更新世末期，华北地区确实存在过一种已经灭绝的披着长毛的猛犸象，因此我们可以根据它的骨架来构想它们当时的生存状况。

东晋著名画家顾恺之所作的《启蒙记》中说："零陵郡有石燕，得风雨则飞如真燕。"这也许是历史上关于腕足动物"石燕"化石的最早记载。

北魏郦道元的地理名著《水经注》中曾谈到"石燕"化石："其山有石，绀而状燕，因以名山。其石或大或小，若母子焉。及其雷风相薄，则石燕群飞，颉颃如真燕矣。"意思是说，有一座山上盛产外形酷似燕子的石头，因此得名为"石燕山"，这些石燕有大有小，仿佛母子两代。当风雷交加时，好像一群群"石燕"漫天飞起。这显然是古人的观察有误，变成石头的燕子怎么会飞起来呢？但这些文字记载仍然表明古人已经在一定程度上认识了这种"石燕"化石。

到了公元 11 世纪的宋朝，出现了一位伟大的科学家沈括，他是浙江钱塘（杭州）人。沈括还是一位政治家、军事家及外交家。他在黄河渡口河岸进行考察时，在崩塌的数十米深的基岩地层中发现了几百根茎干相连的"竹笋"，并断定这些"竹笋"是植物变成的化石。根据古植物学家的研究，这些"竹笋"可能是中生代早期地层中的蕨类植物，这类植物外表分节，形状看上去很像竹子。

图 2　沈括

沈括的不朽巨著《梦溪笔谈》第 24 卷中有一段这样的论述："予奉使河北，遵太行而北，山崖之间，往往衔螺蚌壳及石子如鸟卵者，横亘石壁如带。此乃昔之海滨，今东距海已近千里。所谓大陆者，皆浊泥所湮耳。"他显然已经认识到，这里过去是有螺蚌壳和砾石的海滨地区，现在已经变成了山崖，距离海滨有千里之远。显然，沈括已经具备了沧海桑田、海陆变迁的科学认知。

沈括还深刻认识到生物与环境的一致性、适应性。他认为，可以通过现代生物的生活环境、生活方式去推测与其相对应的古代生物遗骸变成化石之前的生活环境与生活方式，这便是"将今论古"原理的雏形。

　　1967 年，江西武宁县发现一件书法镇尺的文物。该文物的正面是一个"中华震旦角石"的磨光切面，呈现直直的尖顶圆锥形，内部有很多凹下的隔壁，中间有体管贯穿，就像竹笋的切面一样，人们也叫它"石笋"。这是一种古生代奥陶系中灰岩的软体动物头足纲直角石化石。在中国南方中奥陶统"宝塔灰岩"中，有很多这种化石，之所以叫"宝塔灰岩"，是因为这种化石的切面不仅像竹笋，而且还像层层叠叠的宝塔。

图 3　角石（图片来源：中国科学院南京地质古生物研究所）

　　有趣的是，江西武宁的那件含"中华震旦角石"的文物上还刻有北宋大诗人、书法家黄庭坚写的诗："南崖新妇石，霹雳压笋出。勺水润其根，成竹知何日。"这件珍贵的文物集化石、名人书法及诗作于一身，在古今中外都十分罕见。值得庆幸的是，这件文物在珍藏了 800 多年后重见天日，现收藏于中国科学院南京地质古生物研究所。

12 世纪南宋著名的理学大师朱熹，也被称为"朱文公"，他的一位嫡传弟子黎靖德编著了一本《朱子语类》，其中记载了朱熹提出的一个见解，即过去低洼的河、湖及海洋中沉积的松软砂、石、泥土、螺蚌变成了今天高山上坚硬的沉积岩石和螺蚌壳化石，这是经过成岩作用的结果。从低到高、从软到硬的变化，反映了地球表面沧海桑田的变迁。从现代科学的角度来看，地壳的升降运动、褶皱运动引起了相应的造陆运动及造山作用。

北宋学者杜绾创作了一本专门讲述岩石和化石的著作——《云林石谱》。他从前人的著作及当时的传闻中知道了石燕会飞的传说。在科学分类上，石燕属于腕足动物，其贝壳有腹瓣和背瓣，且都是两侧对称的，左右两边有尖尖的"翼"，形状有点儿像鸟儿。无论是在中国还是在外国，这类化石主要形成于晚古生代，特别是中、晚泥盆世的泥质灰岩中。在中国湖南等省份的泥盆纪地层中，也广泛分布着石燕化石。当地农民经常在房前屋后甚至田边地角发现单个的石燕化石，因此认为它们是像燕子一样从山石中飞来并掉落在这里的。

　　杜绾在湖南永州的零陵山野地进行了实地考察，那里的石燕化石特别多，甚至有整个一层泥质灰岩中都布满了密密麻麻的石燕化石。他用笔在石燕化石身上做了记号，当一场狂风暴雨到来时，他就在当地进行观察，结果并未见到岩层里的石燕飞上天。那些他做过记号的石燕化石，在产化石岩层旁边的房屋附近或田边地角就能见到，在远离产化石岩层的地方则怎么也见不到他做了记号的石燕化石。他恍然大悟，意识到石燕化石和包围它们的岩石之间，由于热胀冷缩程度的差异，烈日暴晒和暴雨冲刷会使石燕化石与岩层分离。一旦狂风袭来，从岩层里脱落的石燕化石会被风吹到附近的地方，然后掉落下来。于是，这才造成了它们是"飞来"的假象。杜绾采用"示踪研究法"得出了科学的结论，这是非常值得赞许的。

　　明清两朝距现代已经很近了，因此，有关化石的文献记载相对较多。例如，明朝朱国祯的《皇明大政记》中谈到，嘉靖十五年（1536 年）皇宫内收藏的佛牙和佛骨有千百件，比 700 多年前唐宪宗时代的"宫廷脊椎动物化石博物馆"的规模大得多。此外，明朝著名旅行家、地理学家徐霞客在其名著《徐霞客游记》卷下《滇游日记二》中也有关于木化石的记载。

　　清朝乾隆八年（1743 年）问世的《大清一统志》，引证了《水经注》对鱼化石的相关记述，并记载了辽宁省朝阳县和凌源县的鱼化石。这里正是如今辽西盛产热河生物群中狼鳍鱼等鱼化石的地方。

图4　狼鳍鱼化石

1.1.2　西方世界对化石的认知

国外较早记载化石的国家是古希腊。公元前6世纪，古希腊科罗丰地区的学者、诗人色诺芬尼，曾在陆地内部的高山上发现远海软体动物的贝壳遗迹，还在帕罗斯的岩石里发现月桂树叶的印痕。此外，他也发现了很多可以表明马耳他岛曾被海水淹没的证据。他把这些现象都归因于海水周期性的入侵和泛滥，这导致人类的住处也曾被淹没。

古希腊学者埃拉托色尼是一位天文学家、地理学家。他著有《地球概论》一书，该书不仅对化石是生物遗迹这一观点进行了阐述与论断，还将贝壳化石作为海陆变迁的证据。

图 5 在干湖床上发现的泥盆纪鱼类化石

欧洲黑暗的中世纪以后，进入了 15～16 世纪的文艺复兴时期。意大利的列奥纳多·达·芬奇是一位杰出的数学家、工程师、建筑家、艺术家、画家（他的画作《蒙娜丽莎》是世界名画珍品之一）。列奥纳多·达·芬奇年轻时，曾是意大利北部开凿运河的工程师，他经常在施工的岩层中见到化石。他由此形成了一种观点：分散在地球各处以化石形态存在的海生动物，过去曾生活在我们今天发现它们的地方。那时，海水淹没了意大利北部的高山，河流从阿尔卑斯山地把泥沙带入海里，其中夹杂着大量死亡的贝壳和螺类的介壳。它们一起堆积在海底，之后由于陆地抬升等原因，泥质沉积层露出地表，其中所含的化石就是远古时代的生物。

丹麦科学家尼古拉斯·斯丹诺早年在哥本哈根和巴黎学习医学与解剖学，之后他游历了荷兰、法国、德国，最终移居意大利。他曾当过医生和家庭教师，后来回到哥本哈根担任解剖学教授，最终成为罗马的天主教徒，并在意大利工作了很长时间。他是 17 世纪最有见识的地质学家之一。尼古拉斯·斯丹诺最初将在托斯卡纳（Tuscany）地层中发现的牙齿化石与鲨鱼的牙齿进行对比。后来，他研究了含有化石的地层的来源，并将其和不含化石的岩层进行了对比。他认为，不含化石的岩层在地球上出现生命之前就已经存在，那时地球还被宇宙的海洋所包围。按照尼古拉斯·斯丹诺的说法，同类的、颗粒细小的岩石代表原始的地球沉积物，这些沉积物完全是从没有风化的海洋中分离出来的。此外，如果岩层由特征和大小都不同的颗粒组成，或者如果岩层包含从其他岩石中分离出来的大碎片或化石遗迹，那么这部分岩层代表较晚形成的沉积物。

尼古拉斯·斯丹诺是首位确切阐明地壳地层顺序形成的自然规律的学者。这可以简单地表达为：（1）一定的沉积岩层只能形成于坚硬的基底之上；（2）下面的岩层应该是在有新鲜的沉积物之前就已经成岩了；（3）任何一个岩层都应该覆盖整个地球，或者在侧方被其他固结的沉积物所限制；（4）在一层沉积物堆积期间，它的上面只有供其沉积的水。所以，在一个地层序列中，下面的岩层应该比上面的岩层年代更久远。以上几点后来被人们称为"原始水平原理""侧向连续原理"和"叠覆原理"。

图6　褶皱地层

但是，尼古拉斯·斯丹诺也曾阐述过，原始水平的岩层可能会因后来地壳运动的影响而发生相对位移。他指出，很多实例表明个别的地层可能保持水平状态，其他很多地层则是倾斜的，甚至是十分陡峭的，还有一些岩层可能是呈拱形弯曲的。由于地壳内弯曲岩层的存在，再加上地表剥蚀作用的影响，因此可能会产生各种地表形态，包括山脉、谷地、高原和低矮平原等。他认为，山脉的产生可能是地壳内火山力量向上作用的结果。在活火山喷发的情况下，火山灰和岩块物质向外喷出，并与硫质物质喷气及矿物沥青相混合。

法国博物学家、作家布丰在其著作中列举并阐述了最重要的 5 个"事实"和 5 个"典范"。在"事实"部分，他假设地球是个扁球体，并将地球从太阳辐射中所获得的少量热和地球内部所产生的大量热加以对比，指出地球内部的热量对地壳岩石有改变的效应。此外，他还提到，化石在地球表面任何地方都存在，甚至在最高的山顶上也存在。"典范"则表明，所有的石灰岩都由海洋生物的遗骸组成。在亚洲、美洲和欧洲北部，大型陆生动物的遗骸都出现在地表以下不太深的地方。这表明，这些动物曾在不那么古老的年代里栖息在这些地区。然而，在同一地区埋藏较深的海洋生物遗骸则属于已经灭绝的物种，或者仅与栖息在年代较远的海洋环境中的物种存在较深的关联。

与布丰差不多同时代的瑞典动物学家、植物学家、冒险家卡尔·冯·林奈，曾任瑞典乌普萨拉大学植物学教授。他著有《瑞典植物区系》《瑞典动物区系》《斯堪的纳维亚博物志》等经典作品。卡尔·冯·林奈综合研究了当时已经积累起来的动物学、植物学（包括化石）资料，探索建立现代生物系统的分类方法。在1735 年出版的《自然系统》一书中，卡尔·冯·林奈创立了"双名法"原则，即用拉丁文的属名（首字母大写）和拉丁文种名来代表一个种，并在后面注明定种人的姓氏。从那时起，按照这种古式命名的生物名称就算正式有效了。在 1753 年出版的《植物种志》一书中，他已经充分阐明了种名的命名原则。

法国地质学家让·厄蒂勒·盖塔尔发表了《化石贝类的遭遇与海生贝类之对比》这篇文章。在文章中，他对化石成因进行了深入的论述。

显然，到 18 世纪末，人类已经积累了大量的古生物化石材料。然而，最初人们研究化石时大多数将其视为"奇异的""有趣的"物体，以激发采集者、观赏者的兴趣。当时，人们还没有意识到化石对于地层划分对比、地质编年史的研究有着怎样的价值。古生物学还没有形成完整的体系，所以，这一时期只能算作古生物学的"孕育时期"。

直到 18 世纪中期，化石才被赋予科学的定义，古生物学逐渐成为一门科学。当时，欧洲工业革命蓬勃发展，对大量工业原料和能源的迫切需求极大地刺激和推动了矿产资源的勘探开发，也有力地促使了地质科学的发展。古生物学作为地质科学与生物科学的边缘交叉学科应运而生，并迅速形成了完整的学科体系。

图 7　欧洲工业革命时期的矿产开发

　　英国地质学家威廉·史密斯在长期的测绘工作中接触了大量不同时代的地层和各种各样的化石，总结出了"地层层序律"和"化石层序律"。他绘制了大量地质图和地层剖面图，出版了经典巨著《用生物化石鉴定地层》和《生物化石的地层系统》。威廉·史密斯被赞誉为"英国地质学之父"和"世界生物地层学的奠基人"。法国著名动物学家乔治·居维叶出版了巨著《比较解剖学讲义》，提出了"器官相关律"。他通过运用比较解剖的方法研究古脊椎动物化石，首先提出了动物分类系统。此外，他在《地球表面的革命》中还提出了"灾变论"。法国博物学家、生物学主要奠基人之一让·巴蒂斯特·拉马克，出版了经典巨著《法国全境植物志》《无脊椎动物的系统》和《动物学哲学》。这三位学者的研究成果为古生物学的形成奠定了基础。

自此，化石研究走上了科学的道路，成为人们认识地球和生命的重要途径。随着越来越多的化石被挖掘出来，化石的奥秘也不断被揭示，极大地丰富了人类对自然和生命的认知，为人们了解地球生命史提供了有力证据。

1分钟化石小课堂

- **成岩作用**：指在一定压力、温度的作用下，松散的沉积物转化为沉积岩的过程。成岩作用多发现在地下数千米的地质环境中，其主要方式包括压实作用、胶结作用、重结晶作用及新矿物的生长。

- **海陆变迁**：指地球表面某位置发生的由海变为陆或由陆变为海的变化。根据变迁周期可分为非周期性海陆变迁和周期性海陆变迁；根据变迁范围可分为局部性（小面积、小规模）海陆变迁、区域性（较大面积、较大规模）海陆变迁、全球性（大面积、大规模）海陆变迁。

- **地层层序律**：指在层状岩层的正常序列中，形成时间早、年代较老的地层位于下面，形成时间晚、年代较新的地层叠覆在上面。它包含三个规律：叠层律，地层未经变动时则上新下老；原始连续律，地层未经变动时则呈横向连续延伸并逐渐尖灭；原始水平律，地层未经变动时则呈水平状。

- **化石层序律**：也称生物群层序律，指相同岩层总是以同一叠覆顺序排列，并且每个连续出露的岩层都含有其本身特有的化石，不同的岩层含有不同的化石。也就是说，含有相同化石的地层属于同一时代，不同时代的地层所含的化石不同。根据化石层序律可以将不同地区的岩层区分开。含有相同化石的岩层可看作同一时代的岩层。

1.1.3　古代药典对化石医疗功效的记载

人类对化石药用价值的认识和记载可以追溯到几千年前的古代文明时期。化石药物是指由化石或矿石等具有药用价值的物质所组成的药物。从古至今，中药大量使用化石，其中最有名的是龙骨和石燕。前者在我国最早的化石收藏中就有所记载，这表明先人早已意识到一些龙骨化石具有药用价值，如《山海经·中山经》曾记载："又东二十里，曰金星之山，多天婴，其状如龙骨，可以已痤。"龙骨可以生食、油煎，或者用黄酒煮食。龙骨可以治疗多种疾病，从便秘到梦魇、癫痫、心脏病、肝病等。此外，龙骨被认为具有镇痛、抗炎的作用，常被用于治疗骨伤、风湿疼痛等。

图 8 龙骨

　　古代医学文献中也存在一些关于化石药用的记载。例如，南北朝时期的陶弘景在《本草经集注》中曾记载："比来巴中数得龙胞，吾自亲见形体具存，云治产难，产后余疾，正当末服之。"
这里的"龙胞"指的可能是恐龙蛋胚胎化石，但在一代名医看
来，它是入药的材料。另外，象类、犀牛类、三趾马、鹿类、牛
类等动物的骨骼化石在许多朝代的中药典籍中都有记载，如魏晋
时期的《吴普本草》、唐朝的《唐本草》、宋朝的《本草图经》、
明朝的《本草纲目》等。

图 9　三趾马

在中国和印度等亚洲国家，化石药物被广泛应用于传统草药
配方中。例如，化石龟甲常被用于滋补肝肾、治疗骨病和缓解关
节炎等。

在西方古代医学文献中，也存在一些关于化石药用的记载。例如，古希腊医学家希波克拉底在其著作《希波克拉底文集》中曾提到使用珊瑚化石来治疗消化不良和溃疡。神圣罗马帝国皇帝鲁道夫二世的御医德·博特（Anselme Boece de Boot），在1664年出版的《宝石史》一书中对化石的医疗价值进行了相当完整的阐述，其中一些化石的疗效在几十年前仍然受到认可。

古代的药典中也有关于化石药用的记载，如海胆具有解毒功效。在苏格兰北部的一些岛屿上，菊石化石被叫作"crampstone"，意思是"痉挛石"，也具有医疗功效。

欧洲人十分赞叹琥珀的医疗功效，称之为"欧洲膏药"。人们认为琥珀可以被碾成粉末，溶于油中，或被制成糖果、护身符、项链（这种习俗直至20世纪仍被用于儿童身上）。琥珀还被认为对易流泪、心脏病、脑病、气喘、结石、水肿、出血、牙痛、痛风、癫痫、重伤风、关节痛、胃痛、鼠疫、梦魇等多种病症都有疗效。此外，琥珀被认为具有抗毒作用，是防止中邪的护身符。

另外，角鲨的牙齿，即老普林尼所说的舌形石，被碾成粉末以后，据说可以治疗呕吐、发烧等症状，还可当作护身符随身携带。因为舌形石具有辟邪和解毒的功效，所以从中世纪到18世纪，人们习惯在餐桌上放置树枝状的装饰品，上面悬挂着各式各样的舌形石。

当然，古人对化石药用的认识需要现代科学研究进行深入的分析和验证，以确保人民的生命安全。

需要指出的是，在 19 世纪和 20 世纪初期，中医对欧洲古生物学家的研究有很大的帮助。长毛象的遗骸化石最早是在中药房里发现的。可惜的是这些化石已经过处理，无法追溯其发现的地点，这对科学家来说是一个严重的缺憾。尽管如此，这些骸骨仍然丰富了欧洲的化石收藏，有助于我们更深入地了解地球上生命的演进。

1.2　化石大揭秘

化石作为烙印在岩石上的生命印记，无疑是大自然神奇造化的结果。然而，并非每一个生物个体都有可能成为化石，不同的埋藏机制造就了多种多样的化石保存方式。化石无处不在，它是现代人了解地球遥远过去的一把金钥匙。

1.2.1　化石是岩石上的生命印记

化石虽然是岩石的一部分，但它保留着远古时代生命的印记，有着特殊的指示意义。化石的英语单词为 fossil，源于拉丁语 fossilis，意为挖掘或从地下挖出的东西。从中文字面上来理解，化石即为"变为石头的生物"。那么，科学上又是如何定义化石的呢？化石作为古生物学研究的对象，是指保存在岩石中的远古（一般指一万年以前）生物遗体、遗迹及生物死亡后分解的有机物分子。

化石的类型可以分为实体化石、模铸化石、遗迹化石和化学化石（又叫分子化石）这四大类。实体化石是指古代生物遗体的全部或部分被保存下来而形成的化石。它是最常见且易于保存的一类化石。例如，腕足类、笔石、三叶虫等都属于实体化石。

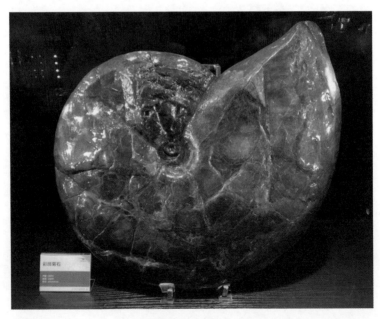

图 10　实体化石

　　模铸化石是指生物遗体在地层或围岩中留下的印模或复铸物，这种化石的类型较多，第一类是印痕化石，如植物叶子的印痕；第二类是印模化石，包括显示生物体外表面特征的外模和显示生物体内表面特征的内模；第三类是模核化石，其形状大小与壳内空间相同，是反映壳内面构造的实体；第四类是铸型化石，当贝壳被埋在沉积物中时，壳质完全被溶解，随后又被另一种矿物质填入，这样就形成了铸型化石；第五类是复合模化石，内模和外模重叠在一起的模铸化石被称为复合模化石。

图 11　云南海燕蛤内模化石（图片来源：沙金庚提供）

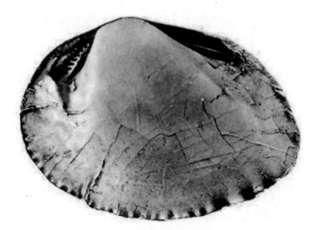

图 12　三角蚌复合模化石（图片来源：沙金庚提供）

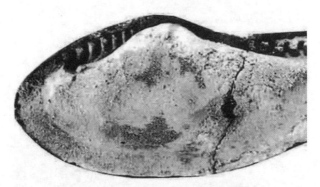

图 13　雕长似粟蛤外模化石（图片来源：沙金庚提供）

遗迹化石是指古代生物在其生活底质（如沉积物）的表面或内部留下的活动痕迹，如足迹、移迹、钻孔生物在石质底质中钻蚀的栖孔及在软底质中挖掘的潜穴，还有粪团、粪粒、卵、珍珠、胃石等生物代谢、排泄和生殖产物。

分子化石是指保存在化石和沉积物中的古代生物有机分子，是在新技术的支持下被发现的一种新的化石类型。

图 14　恐龙足迹化石（图片来源：南京古生物博物馆）

1.2.2　化石形成是大自然神奇的杰作

化石的形成过程是非常奇妙的，是大自然历经久远的杰作，并受到各种因素的影响。在远古时代，生物死亡后，它们的遗体或遗迹被沉积物掩埋，在随后漫长的变成岩石的过程中逐渐石化为化石。后来，由于地壳局部受力，岩石急剧变形并大规模隆起形成山脉，原本深埋地下的化石伴随岩层一起露出地表。当人们发现这些化石时，它们已经度过了少则几百万年，多则几亿年甚至更漫长的时间。

然而，并不是所有的史前生物都能够形成化石。化石的形成过程及其后期的保存都需要满足一定的条件。通常，具有硬体的生物形成化石的可能性较大。无脊椎动物中的各种贝壳和脊椎动物的骨骼等主要是由矿物质构成的，这使得它们能够较持久地抵御外界的各种破坏作用。此外，具有表皮、纤维、外壳的生物，如植物表皮的角质层和笔石的最外层组织等，虽然容易遭受破坏，但由于不易被溶解，因此在高温的环境中可以碳化成化石。相比之下，动物的内脏和肌肉等软体组织很容易被氧化和腐蚀，除了在极特殊的条件下，一般很难保存为化石。

　　除了生物自身的条件，化石的形成和保存还需要一定的埋葬条件。生物死亡后，如果能够被迅速埋葬，那么其保存为化石的机会就较大。实际上，大自然在将生物遗骸保存为化石的过程中，展现了极为奇妙的神来之笔。例如，滔滔不绝的江河湖海不断地搬运着泥沙，这些泥沙在低洼之处沉积，形成了层层叠叠的堆积物，在这些堆积物变成岩石的过程中，被埋葬的一部分生物遗骸就会转化为化石；静谧的湖泊环境中往往沉淀着细腻的沉积物，形成书页般的岩层，这些岩层当中保存着极为精美的化石，因为细腻的沉积物颗粒能够更精细地将生物表面的结构复制下来，如山旺生物群中鱼类、昆虫等化石的保存；风暴席卷而来的风尘沉积或泥流沉积，以及火山灰的沉积等自然现象，也会对生物的瞬间埋葬和化石的形成产生十分震撼的效果。

图 15　琥珀化石中的恐龙尾巴
（图片来源：加拿大萨斯喀彻温
省皇家博物馆的 Mckellar 摄）

化石的形成过程以恐龙为例，通常包括 5 个阶段：当恐龙死亡后，软体组织会开始腐烂，骨骼也会逐渐离散；恐龙的骨骼被沉积物层层覆盖并被埋得很深，骨骼脱水固化；随着时间的推移，原有的矿物质逐渐被其他矿物质取代；老的岩层上面又形成了新的岩层；岩层暴露在地表，久经风雨侵蚀，化石逐渐显露出来。

1.2.3　化石就在我们身边

化石是远古时代遗留下来的生物遗迹，是古生物研究者探索自然生命历史的重要证据。通过对化石的发掘和研究，我们认识了大量早已在地球上消失的动植物，如恐龙、三叶虫、笔石、菊石、货币虫、牙形刺、鸮头贝、蜂巢珊瑚、中华龙鸟、三尾拟蜉蝣、狼鳍鱼、三趾马、剑齿虎、舌羊齿、科达树等。大自然的选择和生物进化造就了各种奇特的生物形态和结构，有体形庞大的恐龙，有善于游泳的鱼龙，有千奇百怪的各类昆虫，有酷似外星生物的三叶虫，有结构精巧的菊石。

化石以各种形式保存在各个地质时代的岩石中，从而在地球历史上留下了无数印记。化石记载最早可以追溯到 38 亿年前，之后它们在各个地质时代陆续出现。因此，化石足以见证漫长的地球演变历史。地球上的岩石主要包括三大类：变质岩、岩浆岩和沉积岩。由于岩浆岩和变质岩经过了高温和高压的作用，因此无法保存为化石。而沉积岩如砂岩、粉砂岩、页岩、泥岩、石灰岩等，都可以广泛保存为化石。沉积岩覆盖地球陆地约 3/4 的面积，这意味着在世界各地都有可能发现化石。人们可以在高山、河谷、沙漠、平原等地区发现各种各样的动植物化石。一般而言，岩层层位越低，其中保存的化石越古老；岩层层位越高，其中保存的动植物进化程度越高，形成的化石结构也就越复杂。

在大多数人看来，化石似乎是一种非常神秘而又难得一见的宝物，只有在各大博物馆中才能一窥其貌。其实化石并不神秘，甚至就在我们身边。只要你有一双善于发现的眼睛和勇于探索、研究的行动力，就可以在很多地方找到化石的踪影。

例如，我们日常使用的建筑石料中时常发现化石的身影。南京古生物博物馆门厅的圆形立柱表面分布着密密麻麻的腕足类化石。南京新街口德基广场铺设的是德国索罗霍芬产的灰岩地砖，地砖表面有着很多大小不一的菊石和箭石。在南京市鼓楼市民广场，人们甚至发现了海百合茎化石，这一发现引起了媒体和市民的广泛关注，一度掀起了"身边化石大家找"活动的热潮。这一活动对向公众普及古生物化石知识起到了很好的作用。

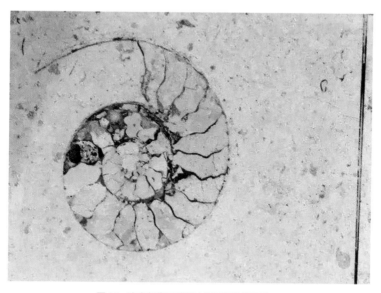

图 16　南京新街口德基广场地面的菊石化石

　　有些化石甚至发现于居民的住宅，著名的埃迪卡拉生物群典型化石在中国的首次发现就是在一次偶然的机会中，由中国科学院南京地质古生物研究所的专家发现于湖北宜昌地区民居屋顶刚刚换下来的石板上，留下了珍稀化石发现的一段佳话。20 世纪50 年代，著名的贵州龙化石是中国地质博物馆科研人员在当地民居的屋顶石板上发现的。2020 年，一则消息更是引起了社会的轰动，贵州机场的装饰台面上布满了化石，这些是可以追溯到4 亿年前的腕足动物化石，不仅很好地点缀了机场空间，而且激发了公众极大的兴趣。

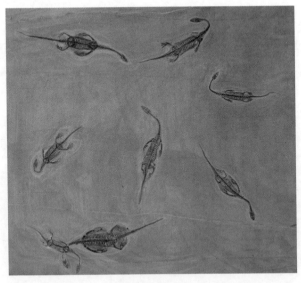

图 17　贵州龙化石

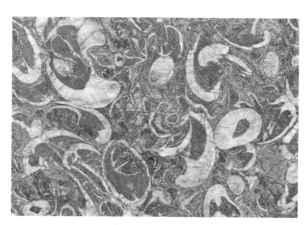

图 18 湘江河步道铺路石腕足类化石

南京作为六朝古都，拥有悠久的历史，留下了许多名胜古迹。在这些名胜古迹中，时常见到化石的身影，如明孝陵石兽路边石雕像上发现的化石，以及阳山碑材上的螺化石等。

图 19 南京明孝陵石象上的化石

图20 骨骼化石

南京所处的宁镇山脉是中国地质古生物学的摇篮之一。在这里,分布着自前寒武纪晚期以来各个地质历史时期形成的化石,如三叶虫、鹦鹉螺、腕足类、珊瑚、大羽羊齿、鳞木、南京猿人等。它们见证了南京地区沧海桑田、海陆变迁的地质历史。

1分钟化石小课堂

- **笔石**:笔石动物的化石。由于其在保存状态下被压扁成了碳质薄膜,形状很像铅笔在岩石层上书写的痕迹,因此被科学家叫作"笔石"。

- **无脊椎动物**：身体内没有脊椎的动物的总称。相比脊椎动物，其身体结构比较简单、低级，尤其是神经系统没有分化，神经中枢呈索状，位于消化管的腹面，骨骼系统绝大多数为外骨骼。无脊椎动物包括的类群较多，有原生动物、棘皮动物、软体动物、扁形动物、环节动物、刺胞动物、节肢动物、线性动物等。

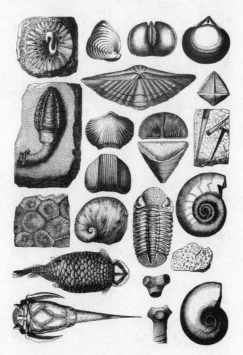

图 21　无脊椎动物

- **脊椎动物**：身体内有脊椎的动物的总称，归属脊索动物门。大多数脊椎动物具有头部显著分化、身体背侧具有脊索、骨骼发达、有成对鳃裂（鱼类和两栖类）、心脏肌肉质、循环系统较完善、肾管组合成肾脏、雌雄异体、有性生殖等特征，但也有一些特殊情况。

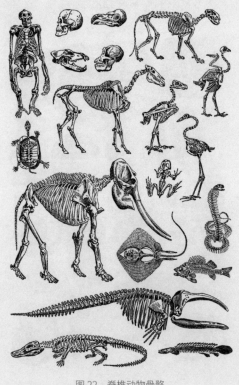

图22　脊椎动物骨骼

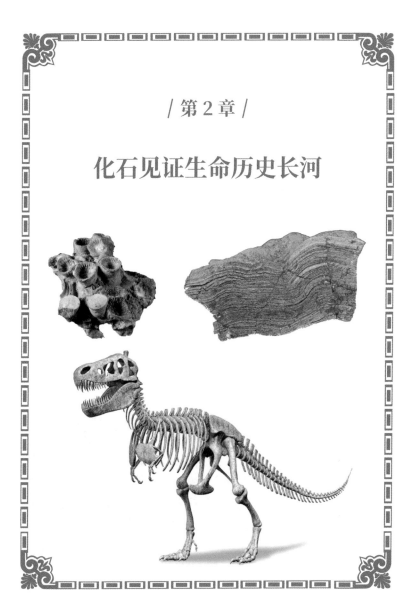

| 第 2 章 |

化石见证生命历史长河

化石蕴含丰富的知识，就像一台时光机，能够带领我们穿越到远古时代，去见证许许多多的生命故事，还原古气候、古地理、古环境，甚至可以帮助我们确定大陆的聚合离散、地球自转的快慢，以及勘探化石能源。化石的发现仍在不断进行中，它的传奇也将继续书写。

2.1　书写地球历史的"文字"

正如人类社会的编年史，一代代王朝的更迭构成了一个个国家的发展历史。每个朝代都是历史这本巨著的书页，书中用文字记载着这个王朝的人文景观、经济状况、社会发展等历史事件。地球本身就是一本历史书，岩层如同"书页"，化石便是地球这本天书中的"文字"。

图23　层层叠叠的岩层

在地球的地质时代中，生物的起源与进化是整个地球发展进化历程中最重要、最精彩的一部分。生物界经历了从单细胞到多细胞、从简单到复杂的发展阶段。在这个进化过程中，不同类别、不同属种生物的出现，呈现一定的先后次序。已出现的生物中，有的进化为新的门类和属种，有的则走向灭绝，不再延续。这种不可逆的生物发展进化过程，大多以化石的形式被记录在从老到新的地层中。每个地层都是不同地质时期形成的产物，它们往往保存着不同的化石类群或组合，以及具有不同特征的化石，这就是英国地质学之父威廉·史密斯（W. Smith）提出的"生物群层序律"。因此，化石在地层中的分布序列清楚地记录了自有化石记录以来的地球发展历史。

地球生物进化具有阶段性和不可逆性，地球历史按照由老到新的顺序被划分为不同的进化阶段，这些阶段的时长不同，共同构成了不同等级的地质年代单位。最大的地质年代单位是宙，整个地球地质历史被划分为冥古宙、太古宙、元古宙和显生宙。冥古宙最古老，是化学进化和生命起源的重要阶段。太古宙是原核生命的世界。元古宙发生了大氧化事件，进入了真核生物进化的阶段。在这个阶段，生物实现了从单细胞到多细胞的发展，并出现了原始动物。到了显生宙以后，生物获得了极大的发展。

图 24　生物进化概念图

显生宙被划分为三个代，依次为古生代、中生代和新生代。每个代以下依次还有纪和世，每个世又被分为若干个期。每个期都包括一个或几个化石带，时间跨度通常为数百万年，是地质年代的基本单位。由于每个地质年代都有相应的地层形成，因此每个地质年代单位都有对应的年代地层单位。地质年代单位宙、代、纪、世、期所对应的年代地层单位分别为宇、界、系、统、阶。地层是研究地球发展规律的物质基础，地层学是研究地层在时间和空间上的发展和分布规律的学科。

宙	代	纪			代号	主要生物进化		
						动物		植物
显生宙 (距今 5.39 亿年 ~今天)	新生代 (距今 6600 万年~今天)	第四纪		全新世 (距今 1.1 万年~今天)	Q	哺乳动物时代	人类出现	被子植物时代	现代植物时代
				更新世 (距今 258 万年~1.1 万年)				
		新近纪	上新世 (距今 533 万年~258 万年)	N		古猿出现		草原面积扩大
			中新世 (距今 2300 万年~533 万年)					
		古近纪	渐新世 (距今 3390 万年~2300 万年)	E				被子植物繁盛
			始新世 (距今 5600 万年~3390 万年)			灵长类出现		
			古新世 (距今 6600 万年~5600 万年)					
	中生代 (2.52 亿年 ~6600 万年)	白垩纪 (距今 1.45 亿年 ~6600 万年)			K	爬行动物时代	鸟类出现	裸子植物时代	被子植物出现
		侏罗纪 (距今 2.01 亿年~1.45 亿年)			J		恐龙繁盛		裸子植物繁盛
		三叠纪 (距今 2.52 亿年~2.01 亿年)			T		恐龙、哺乳类出现		
	古生代 (距今 5.39 亿年~2.52 亿年)	二叠纪 (距今 2.99 亿年~2.52 亿年)			P	两栖动物时代	爬行类出现	孢子植物时代	蕨类植物及种子蕨繁盛裸子植物出现
		石炭纪 (距今 3.59 亿年~2.99 亿年)			C		两栖类繁盛		
		泥盆纪 (距今 4.19 亿年~3.59 亿年)			D	鱼类时代	陆生无脊椎动物发展和两栖类出现		蕨类植物兴起
		志留纪 (距今 4.43 亿年~4.19 亿年)			S				陆生维管植物出现
		奥陶纪 (距今 4.85 亿年~4.43 亿年)			O	海生无脊椎动物时代	带壳动物爆发		藻类植物繁盛
		寒武纪 (距今 5.39 亿年~4.85 亿年)			∈		软躯体动物爆发		
前寒武纪 (距今 46 亿年~5.39 亿年)	元古宙 (距今 25 亿年~5.39 亿年)	新元古代 (距今 10 亿年~5.39 亿年)			Pt	低等无脊椎动物出现			多细胞藻类出现
		中元古代 (距今 16 亿年~10 亿年)							真核藻类出现
		古元古代 (距今 25 亿年~16 亿年)							
	太古宙 (距今 40 亿年~25 亿年)	新太古代 (距今 28 亿年~25 亿年)			Ar	原核生物 (细菌、蓝藻) 出现 (原始生命蛋白质出现)			
		中太古代 (距今 32 亿年~28 亿年)							
		古太古代 (距今 36 亿年~32 亿年)							
		始太古代 (距今 40 亿年~36 亿年)							
	冥古宙 (距今 46 亿年~40 亿年)				Ha	化学进化			

图 25　地质生物年代表

以化石为研究对象的古生物学是一门研究地质历史时期的生物及其进化的学科。它依据不同年代地层中保存的不同特征的化石或化石组合，来识别地层的地质时代属性，并根据这些化石来对比不同地区但时代相当的地层。这种不同地区的地层划分和对比，在寻找地下化石能源和选择建筑地基等方面具有重要的意义。

地质历史中形成的岩层犹如一部编年史书。年代久远的生物化石往往保存在岩层的最底层，地球生物的进化历史则被埋藏在层层叠叠的厚重岩石之中。

2.2 地球历史"时光指示器"

化石是远古生命的载体，通过对不同时代和不同地区的化石的采集和收藏，运用生物学和地质学知识去研究其形态特征、结构构造、化学成分和埋藏情况等，进而在分类学、生态学和进化生物学等方面取得研究进展。

生命起源是科学领域的基本问题之一。早在19世纪，恩格斯就指出"生命是蛋白体的存在方式"。因此，认识生命现象的基础是研究蛋白质和核酸的结构与功能。蛋白质由20种氨基酸组成，大部分氨基酸已经在化石中被发现。前寒武纪地层中发现的化学化石和微体化石对于探索生命起源具有重大的意义。例如，科学家在格陵兰距今约 38.5 亿年的岩石中发现了富含轻碳（^{12}C）的碳颗粒。在此之前，它通常被认为只能通过光能自养生物的分馏作用形成。又如，在南非距今约 37 亿年的前寒武纪地层中，发现存在显示非生物进化和生物进化中间阶段性质的有机物。此外，在距今约 32 亿年的前寒武纪地层中，还发现了植物色素的分解产物，这表明生物在那时就已经开始进行光合作用了。

自从地球形成生物圈，特别是出现后生生物以来，林林总总的远古生物不断被发现和研究。通过这些努力，原本模糊不清的远古生物形象得到了复原，栩栩如生地再现在世人面前。随着远古生物研究的不断积累，地球生命进化的谱系由此建立了起来。

科学家发现，从老到新的地层中所保存的化石，如同穿越地球时光的"指示器"，它们可以清楚地揭示生命进化的规律，即从无到有、生物构造由简单到复杂、门类由少到多、与现生生物的差异由大到小、从低等到高等的进化过程。具体来说，植物界经历了藻类植物—苔藓植物—裸蕨植物—蕨类植物—裸子植物—被子植物的进化历程，动物界经历了无脊椎动物—脊椎动物的进化历程，脊椎动物又经历了鱼类—两栖类—爬行类—鸟类和哺乳类的进化历程。人类从脊椎动物哺乳类中脱颖而出，最终进化成现代人类。

这是何等波澜壮阔的进化场景，在中国发现的安徽前寒武纪蓝田生物群（距今 6.35 亿年～ 5.8 亿年）展现了生物普遍宏体化的场景，贵州前寒武纪瓮安动物群（距今约 6.1 亿年）出现了成体的海绵动物化石，云南寒武纪澄江生物群（距今约 5.18 亿年）勾勒出了气势磅礴的寒武纪大爆发，贵州三叠纪海生爬行动物群表明中国也有世界级的海生爬行类化石群，辽西中生代晚期的热河生物群让我们了解了陆地河流相环境极为丰富的生物资源，甘肃新生代中晚期和政动物群将哺乳动物伴随青藏高原隆起而发生生物更替的历史展现得一清二楚。地球历史上这些重要的生物群和进化事件，无疑为建立地球生命进化的蓝图增添了一个个浓墨重彩的注释，也为研究早期无脊椎动物、脊椎动物、鸟类和被子植物等一系列重大进化事件提供了极为珍贵的新材料。并且，这些生物群向我们展现了生物界从海洋向陆地进化，进而飞向蓝天，呈现海陆空立体进化的壮阔场景。生物多样性在浩瀚的地球生命进化大潮中，尽管经历了生物大辐射和生物大灭绝的坎坷和波折，但掀起了一股股进化浪潮，不断推动生物多样性的发展。直至今日，地球呈现出鸟语花香、蜂飞蝶舞的美好景象，是适宜人类生活的环境。

图 26　安徽蓝田生物群（图片来源：袁训来提供）

1分钟化石小课堂

- **后生动物：** 后生动物是动物界除了原生动物门以外的所有多细胞动物门类的总称。其躯体由大量形态有分化、机能有分工的细胞构成。它的生殖细胞和营养细胞有明显的分化。后生动物可分为不对称动物（多孔动物门）、辐射对称动物（刺胞动物门、栉水母动物门、棘皮动物门，其中棘皮动物门的对称是次生的、栉水母和某些珊瑚呈左右辐射对称）和两侧对称动物（其他所有门类）。

- **澄江生物群**：澄江生物群发现于云南东部寒武纪早期的地层中，它以多门类动物软驱体化石的特殊保存为特征，是一个举世罕见的化石宝库，代表了寒武纪大爆发的窗口。现已发现的澄江动物群化石共290余种，分属海绵动物、刺胞动物、线形动物、曳鳃动物、动吻动物、叶足动物、腕足动物、软体动物、节肢动物、脊索动物等21个动物门及一些分类不明的奇异类群。此外，还有多种共生的藻类。

图27　澄江生物群

- **蓝田生物群**：蓝田生物群是发现于安徽省休宁县蓝田镇一带的一种植物化石。距今6.35亿年～5.8亿年的"蓝田生物群"是地球上迄今发现的非常古老的宏体生物群之一。蓝田生物群中不仅包含形态多样的扇状和丛状生长的海藻，而且其中一些生物还具有触手和类似肠道的结构，其形态与现代刺胞动物或蠕虫类相类似。

- **瓮安动物群**：瓮安动物群发现于贵州省中部的瓮安县瓮安磷矿埃迪卡拉纪陡山沱组上部，主要由立体保存的多细胞藻类、大型带刺疑源类、蓝细菌丝状体和球状体、细菌化石、"海绵化石"和"动物胚胎化石"组成。其中，动物胚胎化石作为迄今最古老的后生动物化石记录，为研究动物在寒武纪大爆发之前的起源和早期进化历程提供了独一无二的实证材料。

- **热河生物群**：热河生物群是一个主要分布于中国北方（特别是河北北部、辽宁西部和内蒙古东南部）的中生代动植物化石群。这个生物群的初始代表是"戴氏狼鳍鱼－东方叶肢介－三尾拟蜉蝣"。辽西地区是研究热河生物群的经典地区，包括义县组和九佛堂组两个地层，时间跨度约1800万年。这里保存了大量精美的化石，涵盖了20多个重要生物门类，包括无颌类、软骨鱼类、硬骨鱼类、两栖类、爬行类、鸟类、哺乳类等脊椎动物类群，以及腹足类、双壳类、叶肢介类、介形虫类、虾类、昆虫和蜘蛛类等无脊椎动物类群，还有轮藻、各类陆生植物（含被子植物）等。

图 28　热河生物群恐龙化石

2.3　地球时钟上的"刻度"

每个地质时代都有特定的生物类型，这些生物类型代表这个时代的生物面貌。反之，特定的生物群可以指示其所属的地质时代。例如，前寒武纪叠层石十分丰富，其中常见的是以藻类为代表的化石。软躯体埃迪卡拉生物群代表新元古代晚期的生物面貌。澄江生物群代表寒武纪早期的生物面貌。志留纪和泥盆纪是鱼类的时代。石炭纪和二叠纪是两栖类动物盛行的时代。中生代是爬行动物的时代，也是恐龙和菊石的时代。热河生物群代表早白垩世时代的生物面貌。新生代则是哺乳动物的时代。

植物界也有明显的时代演替特征。例如，前寒武纪的大部分时间是低等藻类植物盛行的时代，新元古代则是多细胞藻类植物大发展的时代。早古生代是苔藓植物的时代，到了志留纪，陆生维管植物开始兴起。泥盆纪和石炭纪则是蕨类植物兴旺的时代。中生代是裸子植物的时代。新生代是被子植物的时代，即有花植物的时代。

在生物进化过程中，有些物种的进化速度非常快，且分布广泛，可以看作地球时钟上精细的刻度。下面列举几种典型的化石类型进行介绍。

2.3.1　快速进化，形成地质时钟的刻度

1. 笔石

笔石动物是一类已经灭绝的海生群体动物。笔石虫体分泌的骨骼被称为笔石体。笔石体的大小一般为几厘米或几十厘米，较大的可达 70 厘米或更长。笔石体的成分以往被视为几丁质。由于其在保存状态下被压扁成了碳质薄膜，形状很像铅笔在岩石层上书写的痕迹，因此被科学家叫作"笔石"。

图29 始二分小对笔石（图片来源：中国科学院南京地质古生物研究所）

笔石是奥陶纪和志留纪中非常丰富且多样化的一类化石，其进化速度特别快，几乎每隔几十万年就会产生一大批新的种类。因此，笔石可以被当作判断地层年代的黄金卡尺。利用笔石来判定地层年代，尤其是在奥陶纪和志留纪，是非常精确的，其精确度远远高于同位素定年这种方法得到的精确度。如今，同位素定年能够精确到20万年～30万年就已非常好了，但笔石的精确度更高。目前，国际上对奥陶纪和志留纪的地层划分，主要依赖笔石来判定。

2. 牙形刺

牙形刺是一类已经灭绝的牙形动物的骨骼，存在于寒武纪到三叠纪的海相地层中。牙形刺形体很小，身长一般只有 1 毫米左右，最长也不超过 7 毫米，其形态多变，如角锥梳状、耙状、台状等，颜色也各异。

凸形凹颚刺　　　　　　　　　　双线颚齿刺双线亚种

图 30　牙形刺（图片来源：中国科学院南京地质古生物研究所）

牙形刺的进化速度也非常快，如今科学家已经在古生代和三叠纪的"深水区"划分出 180 多个牙形刺化石带，如果再加上浅水区的牙形刺化石带，那么牙形刺化石带就已经有 200 多个了。实际上，牙形刺是古生代和三叠纪生物地层学研究的主帅。古生代与中生代界限的划分正是依据以牙形刺为主的化石确定的。牙形刺在确立二叠纪末金钉子剖面中起到了关键的作用，这足以说明其地位的重要性。

3. 菊石

　　菊石是软体动物门头足纲的一个亚纲。菊石不是现生动物，而是已灭绝的海生无脊椎动物，生存于泥盆纪至白垩纪。菊石的外壳形状各异，有直的、卷的，内壳分隔成许多小空间。常见的菊石外壳有外卷圆形壳、内卷圆形壳、杆形壳、塔形壳、外卷三角形壳、不规则旋卷壳等。壳表面有缝合线。

图 31　侏罗纪和白垩纪的菊石

　　中生代的菊石具有显著的特征，容易辨认，进化迅速且分布广泛。所以，菊石化石是推算岩石年代最有用的化石之一。利用菊石，古生物学家可以将侏罗纪和白垩纪的地质年代划分精确到

50 万年。地球的年龄为 46 亿年，对地球历史而言，50 万年相当于一眨眼的工夫。有了菊石化石，就像是中生代的大钟上有了刻度线，这对古生物学家进行地层对比和生物比较来说，真是妙极了。

图 32　菊石出露状态

2.3.2　生长线反映精确的时间刻度

科学家通过显微镜和计算机观察，发现具有硬体骨骼的生物提供的时间刻度可以精确到年、月和日，如珊瑚生长线、树木生长轮、贝壳生长线等。

1. 珊瑚生长线

珊瑚虫是一种刺胞动物，在幼虫阶段，它们会经过一段时间的漂浮，然后固定在先辈珊瑚的石灰质遗骨上。之后，珊瑚虫会分泌出外壳，即外骨骼，也就是我们一般意义上的珊瑚，其主要化学成分是碳酸钙。生长在海洋中的珊瑚虫，由于白天阳光充足，获取食物容易，因此珊瑚虫生长速度较快。到了夜晚，情况截然相反，珊瑚虫生长速度变慢。所以，珊瑚体的外壁上呈现出周期性变化，每隔一天，钙质的外壁上就会出现一圈极微细的环纹，这就是生长线，其厚度一般小于 50 微米。同一年的环纹，前后排列颇为紧密，集合为稍宽的生长带。通过对现代珊瑚生长情况的观察，我们发现其外壁的每一条生长带都包含 360 ～ 365 条环纹（生长线），这与一年的天数大体吻合。只要计算一下生长线的条数，任何化石或活标本的年龄都能一目了然。

图 33　珊瑚化石

2. 树木生长轮

树木的生长轮也是一种常见的生物钟。当树木被伐倒后，我们可以在树墩上看到许多同心圆环，这就是我们熟知的生长轮。它是树木在一年的生长周期中所产生的一层层纹理，有些纹理可能并不仅仅代表一年，所以统称为生长轮。树干上的生长轮颜色有深有浅，形状有的是十分规整的圆，有的会有些变形，这与其生长环境条件（如气温、气压、降水量等）密切相关。

在春夏两季，气候和水分等环境适合植物生长。树干中的形成层细胞非常活跃，分裂速度很快，生长迅速，形成的木质部细胞较大，细胞壁较厚，细胞之间较稀疏，输送水分的导管较多，所以生长轮颜色较浅。相反，在秋冬季节，气候和水分等环境不利于植物的生长。由于植物生长速度较慢，形成的木质部细胞较小，因此生长轮颜色较深。依次循环，随四季交替形成一圈一圈深浅交替的生长轮。树木树干的生长还与所受阳光的照射有关，因为在北半球朝南一面阳光照射充足，所以这面木质部生长速度快，生长轮较宽，而朝北的一面因阳光照射较少，木质部生长速度较慢，生长轮就显得较狭窄。

因此，树木生长轮可以反映树木的生长期长短，一般而言，高大粗壮的树木有比较多的生长轮，存活时间较长。

3. 贝壳生长线

贝壳主要指软体动物（如双壳类、腹足类、头足类等）的外壳，它由外套膜分泌的钙化物形成。贝壳的生长速度会随着生物个体温度及食物供应的变化而变化。夏季，贝壳的生长速度相对较快，冬季则处于休眠状态或生长速度很慢。贝壳上的光亮带就是一年内的生长增量。白天，阳光明媚、温度适宜，贝类的新陈代谢较快，体内沉积的碳酸钙会形成浅色的纹层；夜晚，光线减少、温度降低，贝类的新陈代谢变慢，体内开始进行厌氧呼吸，酸酯含量升高，分泌物中有机质含量偏高，从而形成深色纹层。涨潮时，营养物质丰富，贝壳的双壳打开，外界水流进入，促使其体内沉积碳酸钙。当壳体关闭较长时间时，沉积作用会被中断，在这间断的期间会沉淀出薄层有机质。潮大时，壳体钙质层会明显增厚；潮小时，壳体钙质层则会变薄。在现代兰蚬的显微结构中，我们可以看到半日生长线层，即两条较宽的有机质层中间夹杂着一条较窄的有机质细带。

例如，近年来，软体动物双壳类蛤蜊因其长寿及显示的环境指示意义而备受关注。2006 年，一群英国科学家在冰岛海域开展研究巡航，收获了一批珍贵的试验样品，其中包括一只人类已知寿命最长的软体动物——北极圆蛤。这只看起来普普通通的蛤蜊仅 8.7 厘米长，但在 2013 年，科学家研究其壳上的生长线时，发现竟然达到 507 圈，这意味着这只北极圆蛤的年龄高达 507 岁。据此可以推测，它出生的年份正是中国的明朝时期，科学家便给它起了一个颇具时代含义且浪漫的名字"明"。

图 34　北极圆蛤

科学家最感兴趣的其实是北极圆蛤所蕴含的科学意义，他们希望通过这些蛤蜊来探测 500 多年来海洋环境的变化，推演它们生长过程中的气候与环境变化周期及可能存在的突发环境事件。例如，通过检测生长线中的各种氧同位素，科学家可以确定贝壳形成时的海水温度。因此，一只蛤蜊就是一本海洋环境变化的记录簿。

4.鲨鱼生长轮

鲨鱼是软骨鱼纲的一种，也是板鳃类鱼的统称。鲨鱼的生长方式与大部分鱼类的生长方式类似，具有不均匀性，会在鳞片和骨骼上留下生长的痕迹。例如，在鳞片、耳石、鳃盖骨和脊椎骨等部位，鲨鱼会形成特殊的、排列整齐的年周期环状轮纹，类似树木的生长轮。这些生长轮的形成与鲨鱼所处的水温及食饵条件密切相关，同时也受到外界因素的影响，包括饵料、温度、光照、水体大小、其他化学因子（如 pH 值、盐度、溶解氧）等。因此，鲨鱼生长轮的形成并非总是以一年为周期。鲨鱼类的年龄鉴定方法主要有组织鉴定、长度频率分析等。其中，主要的硬组织材料包括椎骨、背棘和神经弓等。通过观察这些硬组织上的轮纹结构，研究人员可以推断出鱼类的年龄和生长情况。

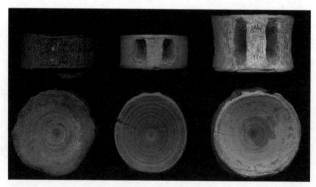

图 35　鲨鱼骨骼

图 36 鲨鱼

2.4 地球舞台上的"模特"

在地球生命史上，各种生物轮番登场，共同演绎了一场你方唱罢我登场的历史舞剧。地球就像一个无比巨大的舞台，每个地质时期都会产生不同特征的生物类型，呈现不同的生物形态和造型。这些登台亮相的生物犹如当今 T 台上的模特，展示了自古以来一批又一批的生物造型。

57

从总体上看，生物造型经历了从不对称到辐射对称，再到两侧对称的形态变化。这样的形态造型变化与生物的体制及结构的发育密切相关，反映了不同地质阶段的生物面貌。例如，对辐射对称的生物而言，当今人们比较熟悉的是海星，其身体上 5 个长长的突起是海星非常醒目的特征。在距今 5.8 亿年～ 5.39 亿年的埃迪卡拉生物群中，辐射对称的造型类型占据优势，且种类丰富，不仅有二辐射（如狄更逊水母）、三辐射（如三臂盘虫）、六辐射（如兰吉海鳃），甚至还有八辐射（如八臂仙母虫）。此外，辐射对称的造型还有旋辐射，旋辐射的旋臂可以发生弯曲变化。那时的生物体内还没有进化出"五脏六腑"，也不具备运动功能和主动进食的能力。两侧对称生物显得更进步，它们取代了辐射对称生物，成为自显生宙（距今 5.39 亿年）以来占据优势的生物类型，在动植物界均居主导地位，其类型也变得更多样，包括鱼形的两侧对称、节肢状的两侧对称、贝壳状的两侧对称，以及爬行类和哺乳类的两侧对称等。当自然环境适宜生物大发展时，各种生物的形态进化都会达到多样化的极致。

图 37　中间始莱得利基虫（图片来源：中国科学院南京地质古生物研究所）

图 38　兰吉海鳃（六辐射）

图 39　鲎化石（两侧对称）

图40　热河生物群反映的生物进化多样性

在地球生命进化史上，寒武纪大爆发是最具影响力的事件之一，是生物成种作用最大的时期，也是生物造型可塑性最强的时刻。当今地球上的动物门类造型各异、千姿百态，几乎都源自寒武纪早期的生物大辐射时期。在门类造型的框架下，成千上万的形态变化在门以下的纲、目、科、属种不同级别的生物造型中产生，这些变化共同构成了当今地球千姿百态的生物面貌。这些变化了的生物形态造型成为科学家研究生物类别、建立生物分类学的重要依据之一。呈现在地球不同地质时期的生物造型让如今的人们感受到地球历史的厚重和生物界巨大的演变，欣赏到地球生命的多姿多彩。

1分钟化石小课堂

- **辐射对称**：辐射对称分为球状辐射对称和轴状辐射对称。球状辐射对称就是等轴无极对称，通过中心可以将身体分为无限或有限的相同部分，如太阳虫、大多数放射虫等。它们多悬浮在水中生活，上下左右的环境都一样，这类动物除了从中心到表面的差异，不会出现向一个方向的特性递减率。轴状辐射对称则是单轴异极对称，通过一个固定主轴将身体切成若干相等的部分，如表壳虫、钟虫、海绵和刺胞动物等。辐射对称生物适应于海底的固着生活。

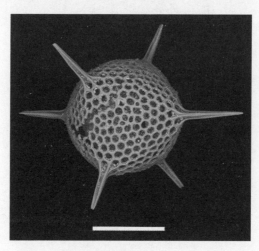

图 41 球状辐射对称的放射虫

- **两侧对称**：通过动物体的中轴，只有一个对称面（或者说切面）将动物体分成左右相等的两部分。因此，两侧对称也被称为左右对称。两侧对称使动物有了前后、左右、背腹的区别，使动物的运动从不定向趋向定向，神经系统和感觉器官也逐渐集中于身体前端，因此其能够更好地适应环境的变化。

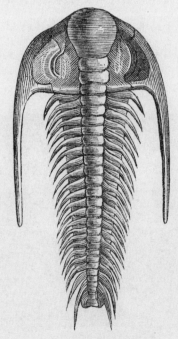

图42　两侧对称的三叶虫

第 3 章

化石指示环境变迁

化石是远古生物留下的印记，通过正确鉴定化石的属种，我们能够推断出化石所在区域的环境、地理坐标、温度，甚至是环境的剧烈变化。

3.1 地球古地理的"坐标系"

不同的自然环境孕育不同的生物，不同的生物面貌反映不同的古地理面貌。通过研究化石，我们可以揭示远古时期的古地理分布情况。

3.1.1 化石区分海陆环境

因为珊瑚、腕足类、头足类、棘皮动物等都是海洋生物，所以当发现珊瑚等海洋生物化石时，无论是在什么地方发现的，都表明这个地方当时处于远离河口、温暖清洁的热带或亚热带海洋环境中。

河蚌类、鳄类属于河流或湖泊淡水生物。贝壳滩形成于海滨或湖滨，如天津塘沽区的牡蛎滩，它可以告诉人们古海岸线的位置。化石的定向排列或定向弯曲表明化石埋葬时的水流方向，沉积的化石指示了水下活动或风暴搬运等现象。

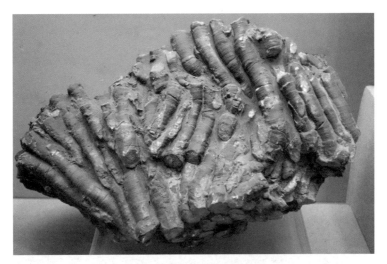

图 43 泥盆纪扇形假小泡沫珊瑚

图 44 珊瑚群落

图 45　牡蛎礁

　　松柏类是陆生生物。陆生生物和海洋生物的脂肪酸组成不同。大多数生物的活动遗迹出现在海滨、湖泊、河流近岸地带。在现代海洋中，藻类生活的海水深度常常因为种类的不同而不同，如绿藻和褐藻生长在沿岸的上部，水深 20 ～ 30 米处以褐藻为主，80 ～ 200 米的地方则红藻最多。

图 46　侏罗纪森林

3.1.2　化石见证海陆变迁

南京地区是中国开展经典地质研究的重要区域，保留了距今 7 亿年以来的比较完整的地层，各个地层含有的化石为研究海陆变迁提供了翔实的证据。南京地区在过去的 7 亿年中历经了多次海陆变化。研究这些变化的关键依据，正是化石所指示的古地理"坐标系"的变化。

　　约 4.25 亿年前，南京地区是一片大海。奥陶纪海洋中生活着三叶虫、腕足类、头足类、笔石等生物。在距今约 4.25 亿年至 2.3 亿年的时间里，南京地区三次上升为陆地。在距今约 4.25 亿年至 3.55 亿年的 7000 万年里，该地区首次上升为陆地。在粉砂岩中，人们发现了鳞木等植物化石，这种植物可长至十几米高，其茎的表皮上长有像鱼鳞一样的结构，鳞木因此而得名。在距今约 3.55 亿年至 2.56 亿年的 1 亿年里，即石炭纪和二叠纪早期，南京地区再次沉入了海里，沉积了约 500 米厚的灰岩等，灰岩中有美丽的珊瑚、腕足类等海洋动物化石。在距今约 2.56 亿年至

图 47　南京地质剖面

2.53 亿年的 3000 万年里, 即晚二叠世早期, 南京地区第二次上升为陆地, 沉积了 50 多米厚的砂岩、粉砂质泥岩, 并发现了大叶羊齿等植物化石。在距今约 2.53 亿年至 2.3 亿年的 2300 万年里, 即晚二叠世晚期至三叠纪早期、中期, 南京地区又一次沉入了海里, 沉积了 900 多米厚的泥岩和灰岩。从距今约 2.3 亿年开始, 即三叠纪晚期以来, 南京地区第三次上升为陆地。从此, 南京的陆相环境一直延续至今。

3.1.3　笔石与环境

中国浙江在奥陶纪时, 因为海水比较深, 海底是缺氧的环境, 所以大量的碳被保存了下来。那时的岩石都是黑色的, 包括黑色页岩和一些硅质岩, 其中页岩中保存了非常多的笔石。笔石动物有两种生活方式。第一种是固着在海底, 即栖息在海洋或内陆水域的底内或底表。这种类型的笔石动物通常生活在浅水环境中, 因为它们需要一些氧气, 所以在水太深的地方无法生存。第二种是在海水中浮游生活, 这部分笔石动物可以生活在更宽阔的海水中, 也可以在深水环境中生存。科学家根据笔石动物的类型, 可以将海水表层到几百米深处划分为五六个深度带, 每个深度带中都有笔石动物的特定组合。

图 48　剑柄假等称笔石长钉状亚种（图片来源：中国科学院南京地质古生物研究所）

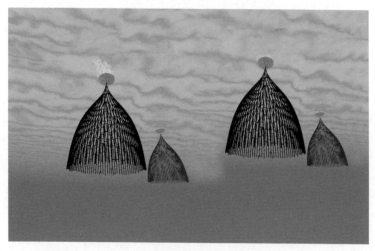

图 49　笔石生态

3.1.4 微体化石与古特提斯洋

远古时期地球曾分布有浩瀚辽阔的特提斯海，分隔南北半球的古大陆。在中国境内，特提斯海沿喀喇昆仑山口—龙木错—玉树—金沙江—昌宁—双江—孟连一线穿过。在藏北可可西里古特提斯缝合带的蛇绿岩基质硅质岩中，科学家发现了放射虫化石，以及缝合带盖层中的牙形刺、有孔虫和钙藻化石。这些发现证明了古特提斯洋开始于早石炭世韦宪期或更早，结束于晚二叠世早期开匹坦期。

3.1.5 腕足类风暴层与古纬度

风暴层是由低纬度的台风、飓风或中高纬度的暴风雪导致的特殊沉积。腕足壳风暴层是一种常见的风暴沉积产物，通常形成于低纬度地区。近年来，科学家通过对晚奥陶世腕足壳埋藏方式、分布及其与现代飓风分布的对比研究发现，原位保存的腕足壳体分布在无飓风带（南北纬 10° 之间），混乱埋藏的腕足壳层分布在飓风带（南北纬 10° ~ 30° 之间）。飓风带形成的原因可能是极地发育冰川导致高纬度和低纬度之间存在温度差。

例如，在华南板块密西西比亚纪时期，大长身贝风暴层中腕足壳体发育有三种埋藏和沉积类型的大长身贝风暴层。它们分别是：（1）具有大部分铰合和凸面向下的壳体，分布于粒泥灰岩和泥粒灰岩中；（2）以脱节和凸面向上的壳体为主，分布于泥粒灰岩中；（3）高度破碎的壳体，分布于颗粒灰岩中。这三种类型的大长身贝风暴层分别形成于风暴层末端的低能环境中（风暴浪基面附近）、风暴层中部的中等水动力环境中（风暴浪基面与正常浪基面之间）和风暴层前端的高能环境中（正常浪基面之上）。大长身贝风暴层在风暴层的前端和末端出现，这反映了它们是由风暴的筛选和搬运作用形成的。

因此，这一时期大长身贝风暴层的广泛发育表明华南板块在该时期位于飓风带（古纬度 10° ～ 30° 之间），且伴随冈瓦纳古陆发育冰川沉积。

3.2 地球环境的"监视器"

生物对环境变化极敏感，当环境发生变化时，生物会开始迁徙并改变生活方式。如果生物无法适应环境变化，那么它们可能会走向灭绝。因此，生物的变化可以反映环境的变化，成为地球海陆变迁的"监视器"。

3.2.1　化石与地壳升降幅度

化石可以反映地壳运动的升降幅度。例如，现代的造礁珊瑚在海水深度为 20 ～ 40 米的较浅水域内繁殖速度最快。如果水深超过 90 米，它们将无法生存，向上超出水面时，其生长会渐渐停止。只有在海底连续沉降的情况下，珊瑚礁才能不断生长。因此，珊瑚礁岩层的厚度可以作为研究地壳沉降幅度的依据。

又如，在希夏邦马峰北坡海拔 5000 米处的第三纪末期黄色砂岩中，科学家发现了高山栎和黄背栎化石。这两种植物如今仍生长在海拔约 2500 米的喜马拉雅山南坡干湿交替的常绿阔叶林中，与化石产地的高度相差 2500 米之多。由此推测，希夏邦马峰地区在第三纪末期以来的 200 多万年里，海拔上升了约 2500 米。

图 50　高山栎中的灰背栎（图片来源：周哲昆提供）

世界最高峰——珠穆朗玛峰——位于西藏定日县，这里山峦起伏、雪峰巍峨，县境内海拔 8000 米以上的山峰有 4 座，定日县的平均海拔达到 5000 米以上。在 2 亿多年前的中生代三叠纪时期，这个地区是一片汪洋大海，被科学家发现的一种叫作喜马拉雅鱼龙的海生爬行动物，曾是这里的海洋霸主之一。据科学家推测，这种鱼龙的体长可以达到 10 多米，它是一种凶猛的肉食性海生爬行动物，善于游泳。

除了喜马拉雅鱼龙，科学家在西藏定日县的苏热山和聂拉木县的土隆群还发现了另一种鱼龙。这也是一种体形巨大的鱼龙，体长近 10 米。此外，在青海可可西里海拔约 5000 米的汉台山和康特金等地，科学家发现了深海相的石炭纪－二叠纪放射虫化石。在海拔约 5300 米的乌兰乌拉山地区，他们发现了侏罗纪双壳类化石。由此可以推断，在这些化石沉积之后，这些地区的地壳上升了 5000 ~ 6000 米。这些化石见证了一个地区由深邃的海洋演变为高耸入云的高原的过程。

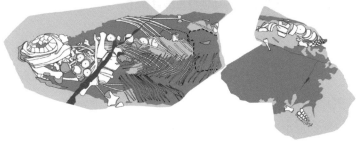

图 51　鱼龙化石保存完好，连细胞都清晰可见

1分钟化石小课堂

- **生物礁：**由底栖固着生物作用形成的原位碳酸盐岩沉积，并能抵御较强的风浪，在地形上凸起且独立的碳酸盐沉积体。常见的造礁生物包括珊瑚、层孔虫、苔藓虫、海绵、钙藻类等，此外还会有一些附生生物，如腕足类、软体动物、棘皮动物等。

3.2.2　化石与动植物南北迁移

化石可以反映动植物随环境变化发生南北向迁移的过程。这种现象往往发生在冰期与间冰期交替出现的时候。在冰期，动植物会向低纬度地区迁移，在间冰期则会向高纬度地区迁移。

1. 南京猿人见证北方动物群曾跨过长江

南京猿人洞分布在长江以南。在猿人洞中发现的猿人头骨及与之共生的动植物化石表明，当时正值寒冷的冰期。这是因为在与猿人化石同时代的堆积物中发现了大量哺乳动物化石，其中包括一些来自北方动物群的物种，如鬣狗、柄鹿等。这说明，虽然南京地区过去一直被认为是南方动物群的领地，但在冰期时代，这里也曾一度成为北方动物栖息的场所。

图 52　中国鬣狗部分化石（图片来源：《远古的记忆——南京猿人》）

2. 猛犸象最南分布到济南地区

猛犸象是第四纪久负盛名的寒冷动物代表之一，它只适应于极端寒冷的气候环境。一般认为，猛犸象的活动区域是北纬 40°～75°的晚更新世时期的欧亚大陆北部及北美地区。2007 年，中日两国的古生物研究人员共同确定了 1992 年在中国山东省济南市长清区崮山镇北大沙河发现的长毛猛犸象化石，是目前世界上分布纬度最南的猛犸象化石。猛犸象化石在纬度如此低（济南位于北纬约 36°）的位置出现，说明山东地区在末次冰期开始时至少经历过一次显著的气候变冷事件。^{14}C 质子加速法测定表明，济南的猛犸象化石地质年代为距今 3.315 万年～3.325 万年。那时济南一带的气候环境与现在的西伯利亚大致相当，年平均气温在 0℃左右。

图 53　冰河时代猛犸象

3. 琥珀化石见证中新世中期热带雨林曾北扩至福建南部

中国科学院南京地质古生物研究所的科学家历经近 10 年的持续野外采集工作，在福建发现了漳浦生物群。在该生物群中，科学家发现了大量的动植物化石，其中包括 25 000 余枚含虫琥珀和 5000 多块植物压型 / 印痕化石标本。此外，还有超过 250 科的节肢动物（包括昆虫），马陆、蜈蚣等多足纲动物，以及丰富的螨、蜱、蜘蛛、盲蛛和拟蝎等蛛形纲动物。琥珀昆虫种类最丰富，包括双翅目、膜翅目（各种蜂和蚂蚁）、鞘翅目（甲虫）及半翅目（蚜虫、蝉、蚧等）。同时，琥珀中还包含大量羽毛、植物、腹足类和微生物化石。因此，漳浦生物群已成为世界上物种最丰富的新生代热带雨林化石库。

科学家研究发现，植物化石的叶相组成完全类似于如今泰国中部、印度中部和恒河三角洲的植被。同时，漳浦生物群中部分有花植物、苔藓、蜗牛、蜘蛛及许多蚂蚁、蜜蜂、蟋蟀、甲虫等昆虫目前只分布于东南亚热带雨林地区。因此，通过对漳浦生物群的区系组成和叶相组成进行分析，可知该生物群代表中新世中期一个热带雨林生物群。

科学家对植物化石叶相古气候做进一步分析后发现，漳浦地区在中新世中期处于热带北缘，年均温为 22.5℃ ±2.4℃，夏季

均温为 27.1℃ ± 2.9℃，冬季均温为 17.2℃ ± 3.6℃，生长季约为
12 个月，生长季降水量为 1929mm ± 643mm，春季是该地区最干
旱的季节。所以，在中新世中期气候适宜期的晚期，热带雨林曾
分布至北回归线以北的福建南部地区。

图 54　漳浦生物群（图片来源：杨定华绘制）

3.2.3　化石与古环境的多次变化

化石可以反映一个地区的多次古环境变化。例如，甘肃兰州
南偏西约 100 千米处的和政处于青藏高原与西北黄土高原的交汇
地带。和政地区新生代动物化石的分布时间从渐新世开始，一直
延续到更新世，历经了约 3000 万年。在这段时间里，和政地区

的古地理、古环境发生了翻天覆地的变化，生活在其中的动物群成员的种类和数量等也出现了很大的差异。生活在这里的古动物按生存时间可以分成 4 个古动物群，它们分别是：晚渐新世巨犀动物群、中中新世铲齿象动物群、晚中新世三趾马动物群和早更新世真马动物群。

图 55　犀牛动物群（图片来源：马长涛提供）

和政地区地处青藏高原东侧，这 4 个古动物群分别见证了和政地区因青藏高原隆起而导致的地理环境的变化。也就是说，这一地区环境从晚渐新世的低海拔、拥有高大树木的巨犀生态环境，到中中新世拥有茂密森林和大量湖泊的铲齿象生活环境，再到高海拔稀树草原的三趾马动物生存环境，最后演变为早更新世高山草甸草原的真马生态环境。和政地区气候逐渐干旱、海拔逐渐升高的过程都是由于青藏高原隆起造成的。显然，和政动物群成了这一历史过程的最好见证者之一。

图 56　三趾马动物群（图片来源：马长涛提供）

3.2.4　树木生长轮与古环境

树木的生长与所受的阳光照射有关，北半球朝南一面阳光照射充足，该面木质部生长速度快，生长轮较宽，朝北的一面因光照较少，生长轮较窄。因此，树木都有向阳生长的特性，重要的是，这种特性在树木茎干横切面生长轮的偏心发育上有明显的反映，即存在树木生长具偏心率的现象。

科学家发现，纬度越高，树木生长轮的偏心率越明显，且随着纬度由高到低呈现出由强到弱的特性。这种偏心率特性不仅在现生的树木中广泛存在，而且在地史时期原位、直立保存的木化石树桩中也有体现。因此，古树木的生长向阳性与板块构造运动之间是否存在关联引起了科学家的关注。

中国科学院南京地质古生物研究所的研究团队，对华北板块的250多个现生树木和7个侏罗纪原位木化石树桩进行了向阳性的实地考察和测量分析。结果表明，现生树木的偏心率为西南219°±5°；位于同纬度带原位直立保存的距今约1.6亿年的髫髻山组和距今约1.5亿年的土城子组的木化石平均偏心率分别为237°和233.5°。这些差异具有重要的古地理意义，表明华北板块从晚侏罗世至今发生了顺时针方向的旋转。重要的是，这一结论与该团队在该地区10个地点采集的100个侏罗系样品进行分析得出的古地磁学研究结论相一致。

3.2.5 软体动物与古环境

树木生长轮可以提供长达数千年的温度、土壤湿度、营养等信息。但是，由于树木的多孔性，因此树木生长轮中的元素分布并不完整。树木主要生长在大陆的温带和热带地区，这也限制了树木生长轮所能记录的气候变化信息的范围。珊瑚骨骼可以反映热带、亚热带地区的气候和海平面变化，但因为钻孔生物的破坏，所以它难以保存珊瑚骨骼的化学信息。

相对而言，软体动物，特别是双壳类，能够灵敏地反映环境的变化，在揭示古生物钟意义方面具有重要的作用，其重要性不亚于树木生长轮。双壳类被誉为"海洋之树"，因为它们能够灵敏地反映环境的变化。与树木和珊瑚相比，双壳类的优势在于它们在全球范围内广泛分布，包括海洋、半咸水和淡水等。此外，它们还拥有坚硬且致密的碳酸钙壳，能够完整地保存化学元素。目前已知软体动物壳中含有 50 多种化学元素，其壳具有清楚的年生长增值，部分软体动物还具有较长的生命周期。

图 57　扇贝壳

此外，双壳类壳质生长速度、微细结构和化学元素的综合研究能够有效地指示环境的变化。通常情况下，当水介质中的营养成分发生变化时，双壳类的壳质生长速度会急速增大或降低；在不同温度下，壳质晶体的生长也会有很大的不同；显著的环境变化会使壳的表面增生次生结构或发生变形；化学元素的浓度也会随之发生变化。

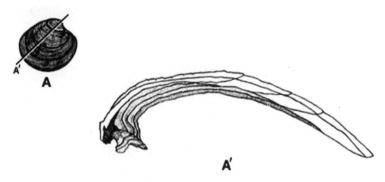

图 58　双壳类生长线（图片来源：国外文献）

由于双壳类具有广泛的生态分布，因此它们可以在不同的自然地理区域发挥重要的作用，包括检测环境污染和再造地质历史中的环境变化。目前，双壳类主要被用于指示以下方面的环境变化：酸雨造成的酸化作用、受污染区淡水的超营养作用、农业肥料污染、沿岸和海洋的污染、矿产污染、工业污染、能源污染、核能污染、森林的盲目砍伐，以及火山灰、大坝和汽车排气造成的污染。

鉴于双壳类所具备的优异特性，早在 20 世纪 80 年代，双壳类就受到了国内外科学家的高度关注，并被应用于揭示欧洲和世界其他地区自现代工业革命以来的环境变化，尤其是环境污染的变化情况。1987 年，瑞典斯德哥尔摩皇家技术学院原子化学部、乌普什拉大学放射科学部和斯德哥尔摩自然历史博物馆，联合开展了北欧双壳类的微细结构、生长速度和化学元素应用于最近 200 多年环境再造的研究。后来，俄罗斯、爱沙尼亚和日本等国的科学家也加入了这一研究。在这种背景下，1993 年在摩纳哥举行的第七届国际生物矿化作用讨论会专门开辟了专题，讨论生物矿化作用与环境的关系。在那次会议上，提出了一个重要的建议，即利用软体动物检测全球环境的变化。

环境污染问题是制约国民经济发展和威胁人民生命健康的重要问题。因此，加强环境污染监测，特别是监测沿海经济发达地区的海洋环境，对于推动我国和地方可持续经济发展，建立人与自然的和谐关系至关重要。我国是海洋大国，内陆分布着众多的江河湖泊，双壳类物种非常丰富。对双壳类壳质的生长速度、微细结构和化学元素的研究能提供非常有用的环境信息，成为检测和保护环境的一种有效方法。

3.3 地球气候的"温度计"

温度是影响生物生长的最重要的环境因素之一，是一种随时随地都在发挥作用的重要生态因子。它不仅控制生物的纬度分布，还决定了海洋生物和陆生生物的分布。显然，化石也可以作为反映地球气候的"温度计"。

地球表面的温度总是在不断变化，在空间上，它随纬度、海拔、生态系统的垂直高度和各种小生境的变化而变化。因此，生物按照纬度带可以被划分为热带生物、温带生物和寒带生物。生物也可以被分为喜暖生物和喜冷生物，甚至还有热泉生物和冷泉生物之分。

3.3.1 特定生物的温度指向

任何生物都生活在具有一定温度的外界环境中，并受温度变化的影响。例如，现代珊瑚生长在水温18℃以上且阳光充足的海水中，猛犸象生活在寒冷地带，由植物形成的厚层煤通常标志着一种湿热的气候。落叶阔叶林是分布在温带地区的主要森林类型。热带雨林是地球上一种常见于赤道附近热带地区的森林生态系统，白天温度一般在30℃左右，夜间约20℃。

3.3.2　壳质成分的温度指向

一些海洋生物在生长过程中会从海水中吸收镁、钙等元素来形成碳酸盐壳体，海水中镁 / 钙比值几乎是恒定不变的。科学实验表明，生活在大海中的有孔虫，其壳体中的镁 / 钙比值会随着海水温度的升高而增大。20 世纪 90 年代到 21 世纪初期，欧美的几位科学家通过对浮游有孔虫化石的镁 / 钙分析，得出了以下结论：赤道太平洋海域的表层海水温度在约 2 万年前的末次冰期最盛期时比现在低 2℃～ 3.5℃。

在 2000 年，美国加利福尼亚大学的古海洋学家大卫·李（David Lea）利用镁 / 钙化石温度计发现了另一个有趣的事实：在过去约 50 万年的时间里，赤道太平洋东部的表层海水温度一直比西部的表层海水温度低大约 3℃。这表明，如今存在于太平洋的巨大"冷舌状水体"已经在那里盘踞了很长时间。

镁 / 钙化石温度计在我国沿海古环境研究中也得到了应用。例如，在 2012 年，中国科学院南京地质古生物研究所的科学家利用这种方法复原了过去约 45 万年以来南海的表层水温变化，发现冰期和间冰期的平均温差达到了 4.8℃。

图 59　各种有孔虫

在 2004 年，美国南佛罗里达大学的阿梅利娅·谢夫内尔（Amelia Shevenell）博士通过研究泡抱球虫壳体的镁/钙比值发现，大约 1400 万年前太平洋西南部的表层海水温度下降了 7℃，并指出温度的变化受地球轨道偏心率周期的控制。除了浮游有孔虫，底栖有孔虫的镁/钙比值也被用作古水温计，用于计算海底附近的水温变化。

在 2012 年，美国地质调查局的托马斯·克罗宁（Thomas Cronin）博士与其他几位科学家一起利用底栖介形虫壳体的镁/钙比值，复原了过去约 5 万年以来北冰洋底层海水的温度变化。他们选用的介形虫种类是北冰洋深海中常见的克里特介，这种介形虫壳体比较厚大，易于测试。

此外，典型的温度参数还有氧同位素，^{18}O 与 ^{16}O 的比值通常用来指示温度的变化。当 ^{16}O 的含量较高时，代表当时的温度在上升，相反的话则代表当时的温度在下降。同时，锰、锶元素也能很好地反映季节性的变化。

1. 生长环宽窄的温度指向

温度随时间发生变化，如一年中的四季变化和一天中的昼夜变化。温度的变化会对生物产生多方面且深刻的影响。这种温度的影响会被记录在生物骨骼中，夏冬季节或日夜长短的变化可以在骨骼生长环的宽窄变化中找到标记。

图 60　二叠纪海洋珊瑚场景（图片来源：南京古生物博物馆）

　　因为各种生物都生活在特定的环境中，所以生物的身体结构和形态能够反映出不同生活环境的特征。生物的形态结构（如珊瑚的生长环、双壳纲的生长层、树木的生长轮、叠层石的薄层理等）记录了气候的季节性变化。生物体（如箭石）中的氧同位素含量是可靠的地史温度计，贝壳化石的蛋白质含量则反映了古气候的湿度状况。一些化石的生长线上还储存了关于生物产卵期和古风暴频率的信息。

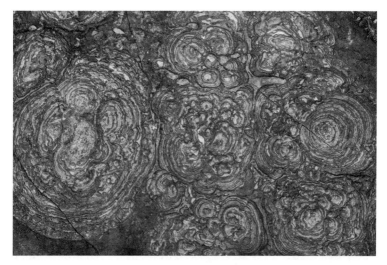

图 61　叠层石上典型的生长线纹路

图 62　双壳类的生长线纹路很清晰

图 63 双壳类

在揭示古环境、古气候的研究中，陆地上的古植物生物钟——生长轮——起到了非常重要的作用，因为树木的生长轮结构和特点与树木生长地区的气候条件有着十分密切的关系。通常，植物化石中是否存在生长轮可以反映当时的季节变化，生长轮的宽窄可以显示当时的水分情况。通过测定植物化石中生长轮的宽度差异，可以推断出古气候要素的变化，获得古气候变化信息，弥补地史时期古气候研究中资料不足的缺陷。与此同时，生长轮中的稳定碳同位素变化也能反映古大气层中二氧化碳浓度的波动历史。

图 64　树木生长轮

　　近年来，科学家在中国四川盆地北部的广元地区距今约 2 亿年之久的须家河组植物群中，发现了若干保存完好的木化石，其中包括松柏类木化石的一个新类型，即广元异木（新种）。该化石标本的解剖构造保存完好，具有异木属典型的木质部特征，包括管胞径壁纹孔特征和窗格型交叉场纹孔。异木属是中生代具有重要古地理及古生态指示意义的木化石代表类群之一。其化石记录主要集中在北半球高纬度地区，且呈现出绕极式分布模式，被认为是湿凉气候的指示植物。

广元异木化石在须家河组的发现揭示了位于低纬度东特提斯东缘地区的四川盆地，在距今 2 亿年左右的晚三叠世，气候整体温暖湿润的背景下，曾发生过短期的降温事件。这一观点与特提斯西缘诺利－瑞替期欧洲地区同位素地球化学证据所揭示的气候降温事件相一致。此外，这一新发现的木化石具有明显的生长轮，表明四川盆地在晚三叠世存在显著的季节性气候变化，这种变化可能与当时的巨型季风气候有一定的关系。

2. 牙形刺特性与温度指向

除了环境的温度，岩石的温度也可以通过化石获得。例如，牙形刺的颜色、结晶颗粒和荧光反应都可以用于测定岩石的变质温度。科学家通过测试华南奥陶纪牙形刺磷灰石氧同位素，发现海水温度从早奥陶世到晚奥陶世总体呈下降趋势。这与早奥陶世扬子区发育暖水性腕足动物，晚奥陶世发育典型的较深水或凉水型腕足动物所呈现的海水温度变冷趋势不谋而合，并进一步得出了晚奥陶世赤道地区存在一支由南极而来的冷洋流。因此，牙形刺不仅是生物地层的计时器，也是岩石地层的温度计，在石油勘探工作中起到了重要的参考作用。

图 65 牙形动物复原图

1分钟化石小课堂

- **热带生物**：热带生物是指栖息在赤道两侧，南北回归线之间的生物。具有代表性的热带生物包括鹦鹉、猴子、红眼睛的树蛙、蚂蚁、巨蟒、美洲虎、水豚、蝴蝶等。

- **热液生物**：热液生物是依靠化学自营细菌的初级生产者。海底热液口喷出的热液中富含硫化氢，这样的环境会吸引大量的细菌聚集，并使硫化氢与氧作用产生能量及有机物质，进而形成"化学自营"现象。热液生物主要有细菌、双壳类、铠甲虾，以及与细菌共生的巨型管栖动物、管水母、腹足类和一些红色的鱼类。

图 66　海底热液生物群

- **冷泉生物**：冷泉生物大多是化能自养微生物，它们在甲烷氧化细菌和硫酸盐还原菌的参与下，使冷泉喷出的甲烷（CH_4）气体发生甲烷厌氧氧化作用，为化能自养生物

提供碳源和能量，维系以化能自养细菌为食物链基础的
冷泉生物群。目前已经发现的冷泉生物包括海绵、刺胞、
须腕、软体、节肢、腕足、棘皮、苔藓虫、有孔虫等
物种。

图 67 海底冷泉生物群（图片来源：黄维提供）

3.4 生物大灭绝的"记录者"

生物的起源、发展和进化经历了漫长且极为艰难坎坷的历
程。生物的灭绝与新生是生物进化中的自然现象，几乎每时每刻
都在发生。已有的统计数据表明，地球上的生物平均以每 100 万
年 2 ～ 5 个科的速度在灭绝。地球上曾存活过 10 亿～ 40 亿种动
物、植物和菌类，其中超过 97% 的物种已经灭绝。在整个生命历

史中，生物的更替是以一种不均衡的速度发生的。根据化石记录，自显生宙以来的 5.39 亿年中，地球上至少发生了 22 次生物灭绝事件。其中，具有全球影响的生物大灭绝有 5 次，分别发生在奥陶纪末、晚泥盆世中晚期、二叠纪末、三叠纪末和白垩纪末。

3.4.1　显生宙 5 次生物大灭绝

显生宙是指从 5.39 亿年前到现在，其间经历了古生代、中生代和新生代。古生代奥陶纪末生物大灭绝发生在约 4.4 亿年前，由前、后两幕组成，其间相隔约 50 万年～ 100 万年。第一幕是生活在温暖浅海或较深海域中的许多生物都灭绝了，灭绝的属占当时属总数的 60% ～ 70%，灭绝种数高达 80%。第二幕是那些在第一幕灭绝事件中幸存的较冷水域中的生物再次遭到了灭顶之灾。

晚泥盆世生物大灭绝发生在约 3.75 亿年前。这次灭绝的科占当时科总数的 30%，灭绝的海生动物达 70 多科，陆生生物也遭受了重创。这次灭绝事件持续的时间较长，规模较大，受影响的门类也很多。当时，浅海的珊瑚几乎全部灭绝，深海珊瑚也部分灭绝，层孔虫几乎全部消失，竹节石全部灭亡，浮游植物的灭绝率达到了 90% 以上。

二叠纪末生物大灭绝发生在约 2.52 亿年前。这次灭绝事件导致陆生生物大约 70% 的科和海洋生物 95% 的物种消失。繁盛于古生代早期的三叶虫、四射珊瑚、横板珊瑚、蜓类有孔虫及海百合等全部灭绝，生物礁生态系统也全面崩溃。在古生代海洋中，由海百合、腕足动物、苔藓虫组成的表生、固着生物群落迅速退出历史舞台。在陆生生物中，不同气候带的特征植物群消亡，取而代之的是矮小的裸子植物。二叠纪最具代表性的四足类陆生脊椎动物有 63% 的科在这次灭绝事件中灭绝。

图 68　二叠纪末生物大灭绝

三叠纪末生物大灭绝发生在约 2.08 亿年前。虽然三叠纪末大灭绝的影响相对较小，是 5 次大灭绝中最弱的一次，但仍导致约 1/3 的科灭绝。在这次灭绝事件中，海洋生物约 20% 的科灭绝，陆地上大多数非恐龙类的古蜥目、兽孔目爬行动物和一些大型两栖动物也都灭绝了。

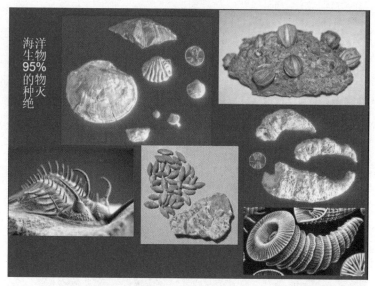

图 69 二叠纪末灭绝的动物类型：海蕾、纺锤䗴、三叶虫、腕足类和四射珊瑚

　　白垩纪末生物大灭绝发生在约 6600 万年前，它标志着中生代的结束。26% 左右的科、超过半数的属、75% 左右的种在这次大灭绝中消失了。曾经称霸一时的恐龙、菊石、双壳类中的固着蛤类在这次大灭绝中彻底灭绝了。一度非常繁盛的六射珊瑚、大型底栖有孔虫和超微浮游生物也遭到了很大的摧残。这次大灭绝事件对海洋和陆地的生态系统造成了巨大的冲击，导致现代最重要的成礁生物六射珊瑚大量灭绝。

图 70　白垩纪末生物大灭绝

3.4.2　大数据勾勒出大灭绝的细节

或许人们会问，科学家是如何得出显生宙 5 次生物大灭绝的结论，大灭绝生物灭绝的数据又是如何获知的呢？

科学家曾试图通过研究化石记录来还原地球生物多样性的变化历史。20 世纪 80 年代，美国科学家劳普（D. Raup）和同事杰克·塞普克斯基（J. Sepkoski）在详细研究了各国的化石记录后，公布了他们对物种灭绝"背景"比率的研究结果，即有机体在地球生命史中灭绝的正常比例。这一结果表明，物种至少经历了 5 次全球大灭绝。这一研究成果曾引起科学家的广泛关注，并在社会上产生了深远的影响。它被大量引用于专业文献和博物馆展览展示中。

然而，以往的研究在展示地质历史时期地球生物多样性的变化时，存在时间分辨率较低、生物分类较粗略、识别突发性重大生物演变事件的精度不够、缺乏与环境因子的对比等问题。因此，科学界期待有更高分辨率和更精准的研究成果问世，以便为近代地球生态系统演变研究提供更有价值的重要参考。

为此，中国科学家沈树忠、樊隽轩团队联合国内外专家创建了国际大型古生物数据库。他们从该数据库中遴选出 3112 个地层剖面和 11 268 个海洋化石物种的 26 万条化石数据，自主建立了大型古生物数据库和地层数据库。同时，他们结合模拟退火算法和遗传算法，自主研发了基于并行计算的约束最优化方法——CONOP.SAGA。利用"天河二号"超级计算机，经过反复计算和验证，他们获得了全新的寒武纪－三叠纪海洋无脊椎动物的复合多样性曲线。

这条具有世界性意义的原创地质历史全球生物复合多样性曲线让统计时间的分辨率达到了 2.6 万年，较国际同类研究的精度整整提高了 400 倍左右。因此，这一突破性成果绘制出了全球第一条高精度的古生代 3 亿多年的海洋生物多样性进化曲线。这将为揭示地球生命的进化历史、与环境变化之间的关系、深刻理解这些重大生物事件的驱动机制，以及了解当前的地球生物多样性危机提供重要信息。

　　大数据不仅成功绘制出迄今最高精度的地球 3 亿多年生物多样性演变历史，再现了地球生物多样性演变过程中的多次重大生物灭绝、复苏和辐射事件，还揭示了这一历史时期生物多样性变化与大气二氧化碳含量及全球性气候剧变的协同关系，彰显了更具科学意义的成果。

　　该曲线精确地刻画出了地质历史中规模最大的 3 次生物灭绝事件及两次重大生物辐射事件的详细过程。从新绘制的古生代海洋生物多样性演变曲线可以看出，约 2.52 亿年前发生了人类迄今

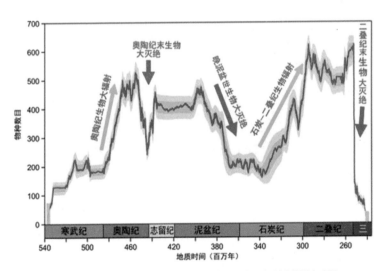

图 71　古生代海洋生物多样性变化曲线（图片来源：江苏高校研究成果，
入选"2020 年中国十大科技进展新闻"）

为止识别出的最大规模的生物灭绝事件，导致约 81% 的海洋生物在数万年内迅速灭绝。这一事件的发生与当时全球气候的快速升温密切相关。代表"地球生命辉煌阶段"的两次重要生物辐射事件分别发生在距今 4.9 亿年～ 4.7 亿年和 3.4 亿年～ 3 亿年，并均与当时全球气候的逐渐变冷同步。

在地质历史中，生物多样性的重大变化通常也伴随着环境的剧烈波动。研究团队选取了 6 种与气候变化密切相关的环境指标，包括碳、氧、锶同位素，以及沉积物质总量、大气二氧化碳含量等。虽然这些环境指标还缺少高分辨率的时间约束，但已初步表明，大气二氧化碳含量是一个与生物多样性存在相似的长期模式的环境因素。未来需要绘制高时间分辨率的环境因素曲线，以便与生物多样性曲线进行更准确、可靠的对比分析，从而识别各种环境指标与多样性变化之间是否存在因果关系。

这条基于化石记录大数据演算出来的古生代海洋生物多样性曲线，还揭示了很多先前模式中看不到的事件和细节，改变了人们对古生代海洋生物多样性进化的认知。因此，该研究将推动整个进化古生物学研究的变革。中国科学家的成果获得了国际同行的高度评价。美国《科学》杂志评述该研究时称其"将推动整个进化古生物学的变革"，英国《自然》杂志评述称"古生物学家以惊人的细节绘制出地球 3 亿年的历史"。

|第4章|

化石上知天文下知地理

化石的神奇之处在于它们上知天文下知地理，其带来的历史洞察力和空间想象力远超人们的常规思维。

4.1　远古时代的"天文台"

对各个地质时代化石的研究，特别是对珊瑚、双壳类、头足类、腹足类和叠层石的生长节律（生活环境的周期性变化，生物的生理和形态的周期性变化）或古生物钟的研究，能够为地球物理学和天文学研究提供有价值的依据。

4.1.1　珊瑚与天文

很多生物的骨骼生长表现出明显的日、月、年等周期，如珊瑚生长线的一圈代表一天。现生珊瑚一年大约有 360 圈生长线，石炭纪珊瑚一年有 385 ～ 390 圈生长线，泥盆纪珊瑚一年有 385 ～ 410 圈生长线，这表明泥盆纪和石炭纪一年的天数要比现在多。利用古生物骨骼的生长周期特征，还可以推算出地质时代中一个月的天数和每天的小时数，如中泥盆世平均 30.6 天 / 月，早石炭世 30.5 天 / 月，比现代（29.5 天 / 月）约多一天；寒武纪平均 20.8 小时 / 天，泥盆纪 21.6 小时 / 天，石炭纪 21.8 小时 / 天，三叠纪 22.4 小时 / 天，白垩纪 23.5 小时 / 天。现在每天 24 小时，这表明地球自转速度在逐渐变慢。同样，根据对化石生长线的研究，我们知道，地球自转周期的变慢速度是不均匀的。从石炭纪到白垩纪，地球自转周期的变慢速度很小，白垩纪以后明显增大。这些研究结果与天文学家的推算结论相吻合。

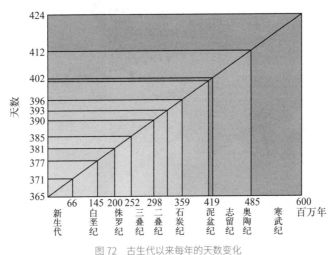

图 72　古生代以来每年的天数变化

4.1.2　"红蛤"贝类与天文

2020 年，有学者发表报告称，白垩纪末期的软体动物壳化石显示，地球一年平均自转 372 次，而非 365 次。这意味着，当

时的一天比现在少半小时。研究人员使用激光在一只 7000 万年
前的"红蛤"贝壳化石上钻出了和红细胞差不多大小（直径 5 微
米）的孔，从而精确地数出日轮，计算出时间。结果表明：在恐
龙时代，一天的时间更短，一年的天数更多。

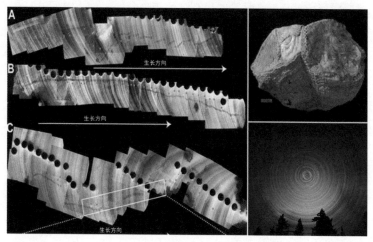

图 73 "红蛤"化石及贝壳化石上激光去点位置

　　知道了地质时代每年天数的变化，我们可以利用化石生长线
显示的每年天数反过来确定其所属的地质时代。这种测年方法比
放射性衰变法更方便，因为它不涉及化学变化，也不会在实验测
定时产生误差。此外，很多海洋生物在生理上与月球运转或潮汐
周期有联系。

4.1.3　鹦鹉螺与天文

最近，两位美国地理学家根据对鹦鹉螺化石的研究，提出了一个极为大胆的见解，即月球正在逐渐远离我们，它将变得越来越暗。这两位地理学家观察了现存的几种鹦鹉螺，发现它们贝壳上的波状螺纹具有和树木相似的性能。螺纹分许多隔，虽然宽窄不同，但每隔上的细小波状生长线在 30 条左右，这与现代一个朔望月（中国农历的一个月）的天数完全相同。观察发现，鹦鹉螺的波状生长线每天长一条，每月长一隔。这种特殊的生长现象使两位地理学家受到了极大的启发。他们在观察古鹦鹉螺化石时惊奇地发现，古鹦鹉螺每隔生长线的数量随着化石年代的上溯而逐渐减少，但相同地质年代的鹦鹉螺化石，其生长线数量是固定不变的。

研究显示，在新生代渐新世的螺壳上，生长线的数量为 26 条；在中生代白垩纪的螺壳上，生长线的数量为 22 条；在中生代侏罗纪的螺壳上，生长线的数量为 18 条；在古生代石炭纪的螺壳上，生长线的数量为 15 条；在古生代奥陶纪的螺壳上，生长线的数量为 9 条。由此推断，在约 4.2 亿年前的古生代奥陶纪，月球绕地球一周只需要 9 天。地理学家还根据万有引力定律等物理原理，计算了那时月球和地球之间的距离，得到的结果是，4 亿多年前，两者之间的距离仅为现在的 43%。科学家对近 3000 年来有记录的月食现象进行了计算和研究，结果与上述推理完全吻合，证明了月球正在逐渐远离地球。鹦鹉螺在帮助揭示大自然演变的奥秘方面可谓功不可没。

4.1.4　叠层石与潮汐周期

对古生物钟的研究还可以提供关于月、地系统演变的信息。古生物钟研究表明，月球与地球的距离随时间的推移呈现出规律性的变化。例如，天文学家认为，由于潮汐的摩擦作用，地球对月球的牵引力在逐渐减小。基于这种原因，目前月球正以每年 5.8 厘米的速度悄悄地远离地球。也就是说，过去月球逃离地球的速度更快，例如，在白垩纪时期，可能每年的速度为 94.5 厘米。这种推想也得到了古生物钟研究的证实。

生物的生长及生理过程不仅与地球自身的自转有关，还与月球的运转及潮汐周期有关。很多现生海洋生物及远古海洋生物化石，如叠层石等，其生长层与它们生活时期的潮汐振幅变化有关。研究发现，地球过去的潮汐振幅比现在大得多。例如，在地球早期，月球近距离高速绕地球旋转引发的强大海洋潮汐会波及大片近海陆地，并形成生长高度达 9 米的叠层石。这也印证了地球自转速度会受到太阳及月球潮汐力摩擦作用的影响，产生的热量被耗散，消耗了地球自转的动能，从而导致地球转动速度变慢。

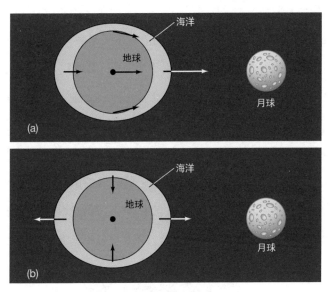

图 74　月球与地球潮汐作用

现代叠层石主要分布于巴哈马及澳大利亚等地。科学家观察到，生长中的叠层石呈现出富含有机质的深色纹层和富含泥沙颗粒的浅色纹层交替叠加的现象，这反映了微生物生长的周期变化。每一对深－浅色纹层代表一个周期。这种周期与叠层石所处环境的光照、潮汐、季节、年月日等周期性变化密切相关，甚至可能与地球－月球运行轨道的周期性变化有关。

　　法国地质学家蒙特（C. L. V. Monty）在 20 世纪 60 至 70 年代，通过对巴哈马沿海现代叠层石的观察研究，首次提出，一对深－浅色纹层代表蓝细菌微生物生长的一个昼夜周期。具体来说，白天光照强，蓝细菌光合作用也强，蓝细菌丝体竖起来，向光照方向生长；夜晚光线弱，蓝细菌丝体倒卧下来，进入休眠状态。此时，潮汐携带的泥沙颗粒开始沉积，由此形成深浅色交替叠加的纹层。

　　中国古生物学家曹瑞骥 2001 年通过对江苏北部新元古代叠层石纹层中的微生物化石排列方式的观察，得出了与之相反的结论。他认为，浅色纹层是在白天形成的，此时蓝细菌丝体分布稀疏，向上趋光生长，并捕获、黏结沉积物颗粒；深色纹层则是在夜晚形成的，此时蓝细菌丝体匍匐生长，相互重叠或缠绕在一起。

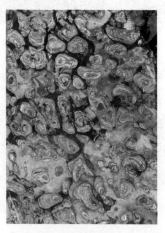

图 75　叠层石化石

图 76　现代叠层石

4.2　地球板块的"拼图师"

　　化石在不同地区的分布情况蕴含着非常重要的古地理和古环境信息。如今那些隔海相望的化石很有可能以前是生活在同一块大陆上的邻居。那些在高山上的海洋生物化石似乎正在向人们述说：遥远的过去，这里曾是一片汪洋大海。

　　因此，通过研究化石的生物属性和地理分布，我们可以重建不同地质时代的大陆、深海、浅海、海岸线、湖泊甚至河流的分布情况，了解水体含盐度，以及大陆、湖泊、海洋底部的地形特征，还可以恢复古气候，揭示古地理和古气候的沧桑变迁。

20世纪初，德国科学家魏格纳提出了大陆漂移说。他发现，北美和欧亚大陆曾经是连在一起的，被称为劳亚古陆（北方大陆）。南极洲、澳大利亚、印度、非洲和南美洲也连在一起，被称为冈瓦纳古陆（南方大陆）。南、北古大陆之间隔着一条东西向的特提斯海（古地中海），它们在中生代分开，并漂移到现在地球的不同位置，形成了七大洲大陆板块。

图 77　德国科学家魏格纳

4.2.1　古生物化石与大陆漂移

古生物化石为大陆漂移说提供了直观而有力的证据。化石可以帮助我们再现远古时代大陆板块的分布情况。例如，舌羊齿类植物广泛分布于南美洲、非洲、南极洲、澳大利亚和印度的石炭纪－二叠纪地层中，淡水爬行动物中龙产于南美洲和非洲的早二叠世地层中。非海相动物水龙兽主要分布在南半球的各个大陆，也在中国新疆及俄罗斯乌拉尔等其他陆块的二叠纪末－早三叠世地层中被发现。这些充分说明，在二叠纪时期，冈瓦纳古陆确实存在，后来它向北漂移，与劳亚古陆相连，形成了贯通南北极的联合古陆。科学家在南大西洋两岸发现了相同或十分相似的蛇化石。显然，如果二叠纪、三叠纪时期海洋和大陆分布是今天这样的格局，那么这些动植物是没有漂洋过海的本领的。因此，一个合理的解释应该是，当时各个大陆是连在一起的，这些生物群在这片大陆上可以自由迁移并广泛分布。

图 78　水龙兽（图片来源：孙革提供）

图 79　中龙

图 80　舌羊齿（图片来源：中国科学院南京地质古生物研究所）

4.2.2　非洲猎龙与板块漂移

在约 1.5 亿年前的侏罗纪晚期，冈瓦纳古陆和劳亚古陆还没有完全分开。科学家发现，当时的欧洲直布罗陀地区存在一个与非洲大陆相通的大陆桥，这使得这两块古大陆上的恐龙可以互相迁移。由于当时的欧洲与北美洲是连在一起的，因此北美洲与非洲之间可能存在亲缘关系非常近的恐龙类群。

科考队的研究成果证明了这个推测。1993年，美国的古生物学家在尼日尔的撒哈拉大沙漠中发现了一种食肉恐龙的完整化石骨架——非洲猎龙。有趣的是，非洲猎龙与侏罗纪晚期在美国西部异常繁盛的异特龙非常相似。在非洲猎龙发现地的同一个地区，还发现了好几只蜥脚类恐龙。这种蜥脚类恐龙的牙齿呈宽的抹刀形，与侏罗纪晚期在北美洲西部繁盛的圆顶龙非常相似。

图81　非洲猎龙

另一个例子是，2000年，保罗·塞瑞农率领的一支科学探险队在尼日尔沙漠中发现了一个恐龙头骨化石，其历史可以追溯到约9500万年前。经过研究和对比后发现，该恐龙化石与在阿根廷巴塔哥尼亚和马达加斯加发现的恐龙化石相似。

4.2.3　古珊瑚与大陆漂移

古珊瑚也可以指示大陆漂移。古今珊瑚的年生长值与温度有关，一般来说，海水温度越高的区域，古今珊瑚的年生长值越大。如果古今珊瑚的年生长值相近，那么可以推测出海水的温度也比较接近。因此，我们可以通过比较古今珊瑚的年生长值来推测古温度。古今珊瑚的年生长值也与地理位置有关，距离赤道越近，年生长值越大；距离赤道越远，年生长值越小。此外，古今珊瑚呈现季节性生长现象，距离赤道越近越模糊（这是因为地处热带，四季变化不明显），距离赤道越远的海域越清楚。中国台湾学者马廷英据此统计出了珊瑚化石的上千个数据，并详细地标出了各个地质历史时期赤道的位置（珊瑚总是生长在赤道两侧的海洋中）及两极的位置。他发现，在各个地质历史时期，赤道位置和两极位置有很大的差异，都曾发生过位移。因此，他提出了大陆曾发生过漂移的设想。

| 第 5 章 |

化石帮助寻宝探物

化石燃料是一种能源。它可以指示石油、煤炭和天然气的分布，在化石能源的勘探中具有举足轻重的作用。

5.1　地球资源的"藏宝图"

化石能源是当今人类社会不可或缺的地球资源，它与千家万户的生活紧密相关。古生物化石研究在油气田和煤田的勘探开发中具有特殊的作用。可以说，化石是揭秘地球资源的"藏宝图"。

化石可以准确地标示出沉积岩的地貌特征，还有助于我们了解已经消失的环境中的生物、化学及物理条件。因此，化石经常被用来协助勘探矿产和石油资源。在这方面，主要运用的是无脊椎动物化石（尤其是遍布古老海洋地层的贝壳）和微体化石。通过对这些化石的研究，人们可以得到可靠的证据，从而判定煤层、碳氢化合物、铁矿和多种有色金属（铜、铅、铀、镍、锰等）矿藏的位置，也可以预估硫化物、硫酸盐、磷酸盐、石膏等的埋藏情况。有孔虫类化石是现代地质学研究中备受关注的化石之一，石油埋藏的线索可以通过研究这类化石得到。石油这种液体岩石是由分解的有机物保存在"淤泥"中形成的，也就是大量堆积的水生植物（海藻等）及海洋微生物在淤泥中腐烂后形成的。

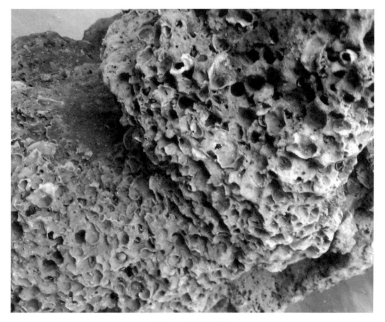

图 82　贝壳灰岩

　　中国目前所有大中型煤田、油田、油气田甚至沉积铁矿等的勘探与开发都离不开古生物学的研究和指导。目前，古生物学在找矿方面的应用主要包括以下几个方面：（1）根据成矿化石的时代分布、生态特点等研究矿产的分布规律；（2）广泛运用微体化石和超微化石精确地划分对比含矿层位，指导钻探等；（3）从古生物化学的角度研究古生物通过吸附、化合等方式富集稀有金属元素的规律；（4）研究古细菌在矿产形成中的作用等。

图 83　硅藻土层

5.1.1　生物礁与石油

　　中东地区拥有世界上 2/3 的石油储量。古代海洋生物死亡后，其遗体被埋入沉积物中。经过千万年的地热烘烤及上覆沉积物压力的作用，生物遗体中残留的有机质发生了化学变化，形成了干酪根，这是一种碳氢化合物。由于这些碳氢化合物比周围的岩石轻，因此它们会向上渗透到周围的岩层中。然而，当部分碳氢化

合物渗透到疏松的岩层，而上部又有致密岩层阻挡时，它们便会
聚集在一起形成油气田。所以，中东地区石油储备如此丰富，实
际上得益于有利的岩层组合。

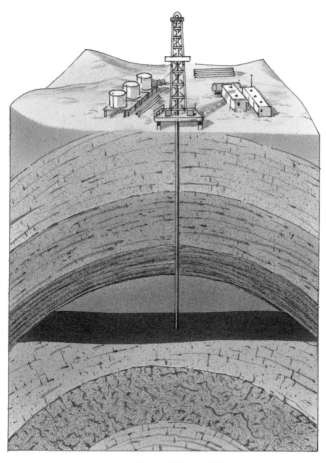

图 84　钻探石油剖面示意图

在晚白垩世早期，也就是约一亿年前，中东和北非地区还是一片热带海洋，被称为特提斯海。这片海洋从今天的地中海延伸，贯穿整个欧亚大陆，最后连接太平洋。由于特提斯海的海水温度较高，不利于珊瑚的生存，因此比珊瑚更适应这种温度的厚壳蛤大量繁殖，并成为主要的造礁生物。厚壳蛤拥有巨大的带有瘤刺的双壳，它们的壳在海底堆积成了绵延数百千米的生物礁。厚壳蛤形成的生物礁不仅提供了大量的生物有机质，而且因其疏松多孔的特征，成为了储存石油的绝佳场所。目前，在伊朗西南部的大陆架上、阿联酋海岸、利比亚东部及沙特阿拉伯都发现了许多储量丰富的大油田，很多与厚壳蛤形成的生物礁有关。

其实，在地质历史上，曾形成过多种类型的生物礁，如前寒武纪的叠层石礁。后来，随着大量复杂生命的出现，叠层石时代结束。珊瑚逐渐成为主要的造礁生物。奥陶纪的皱纹珊瑚和志留纪的链珊瑚造就了很多古生代的生物礁。而在现代海洋中，六射珊瑚成为造礁主力。

图 85 链珊瑚（图片来源：中国科学院南京地质古生物研究所）

5.1.2 牙形刺与石油有机质指标

牙形刺在地球油气资源的勘探中具有特殊作用，不仅是生物地层中非常重要的化石，而且是石油地质研究中重要的尖兵。牙形刺的颜色是有机变质程度的重要标志。通过牙形刺的颜色可以判断石油有机质成熟度，并圈定油气远景区。

牙形刺主要由碳磷灰石和细晶磷灰石组成，含有微量的有机质和氨基酸。美国科学家首先利用实验证实了牙形刺的不同颜色与有机变质程度有直接关系，且与温度、埋藏深度和时间等因素有关。颜色由浅到深，逐渐变化，且不可逆转。这种颜色变化指标被称为 CAI。常用的 CAI 分为 8 级，CAI =1（琥珀色）～5（黑色）是牙形刺内固定碳增加的过程，CAI=5（黑色）～8（白色）是固定碳从牙形刺中流失的过程。利用阿伦尼乌斯坐标可以换算 CAI 值与温度和埋藏深度之间的关系。通过有机变质温度可以圈定出石油和天然气的未成熟区、成熟区和过成熟区，进而知道哪些地区可能有（石）油和（天然）气，哪些地区没有油但是有气，哪些地区既没有油也没有气。这对石油地质勘探具有非常重要的指导意义。美国曾运用这种方法在阿拉斯加地区圈定并发现了重要的油气藏。中国也采用此方法大致圈定了华南、华北油气勘探区。

科学家利用荧光反应可以确定牙形刺在低温条件下的变质程度。当岩石的变质温度较高，特别是大于 300℃时，可以通过测定牙形刺磷灰石结晶颗粒的大小来确定岩石的变质温度。在扫描电镜下，将其放大 5000 倍并拍成照片，可以清楚地看到牙形刺磷灰石结晶颗粒并测定结晶颗粒的大小。

图 86　牙形刺化石

牙形刺的颜色和磷灰石结晶颗粒都可以用于测定岩石的变质温度。牙形刺不仅是生物地层的计时器，也是岩石地层的地温温度计，更是石油地质研究中的尖兵。

5.1.3　笔石与页岩气

当前，中国在页岩气勘探与开发领域已经取得了一系列重大突破。在中国的页岩气勘探过程中，笔石发挥了重要作用。开采页岩气不仅需要高端的钻井技术，还需要精准的黑色页岩地层层位标定。其中，生物地层标定是钻井现场最快、最精准的方法，可以直接指导人们将钻井打到精准的页岩气层位。美国页岩气资源更多地分布在泥盆纪、石炭纪地层中，这些不是笔石较多的地层。与美国的页岩气不同，中国最主要的页岩气资源恰好处在含有笔石的地层中，这是中国页岩气资源非常有特色的地方。

中国重庆涪陵国家级页岩气示范区的页岩气主要分布在奥陶纪晚期到志留纪早期的地层中，这一时期的黑色页岩中含有大量笔石。中国科学院南京地质古生物研究所的陈旭院士确立了13个笔石带，它就像一个黄金标尺，已成为中国页岩气产业部门共同采纳的地层划分标准。只要对钻井岩心中笔石的种类进行分析，确定其对应于13层中的哪一层，就能够确定该岩心是否富含页岩气。普查奥陶纪和志留纪笔石的区域分布能够判断页岩气的分布范围。因此，笔石研究这一看似非常基础的古生物门类研究，在国家能源资源勘探中却能够大显身手。

图 87　心笔石（图片来源：中国科学院南京地质古生物研究所）

5.1.4　植物化石与煤

自从维管植物登陆后，岩石遍布的陆地发生了重大而微妙的变化。土壤诞生了，植被变得越来越繁茂。约 3.6 亿年前，地球上第一次出现了森林。木贼、羊齿、石松及蕨类植物共同组成了原始雨林。30 米高的封印木挺拔伟岸，顶部的孢子被释放出来，随风飘散，生命的种子随风传向四方。

　　森林出现后又过了约 1000 万年，植物世界进入了大繁盛时期，石炭纪由此拉开了序幕。那时的气候似乎格外温暖湿润，随着陆地面积的不断扩大，陆生植物从滨海地带逐渐向大陆内部延伸，形成了大规模的森林和沼泽，为煤炭的形成提供了有利条件。在这一时期的地层中，煤炭储量约占全世界总储量的一半以上，"石炭纪"因此得名。

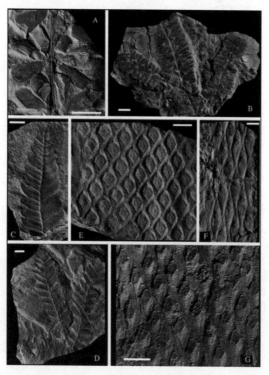

图 88　煤块及煤块上的植物化石

- 陆地上大规模森林形成，最大碳埋藏时期
- 蕨类植物时代

鳞木

可高达40米

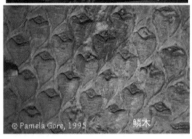

鳞木

图 89　蕨类植物

5.1.5　化石与其他矿产资源

　　有些沉积岩和沉积矿产本身是由生物直接形成的，如煤是由大量植物不断堆积和埋葬而形成的，石油和油页岩主要由动植物的遗体转化而来。很多碳酸盐岩油田与生物礁相关，硅藻土由大量的硅藻硬壳堆积而成，有孔虫灰岩是由有孔虫形成的，介壳灰岩是由贝壳形成的，藻灰岩则是由藻类形成的。动植物的有机体

经常富集铜、钴、铀、钒、锌、银等矿质元素。现代海水中铜的含量仅为 0.001%，但不少软体动物和甲壳动物能够大量地浓缩铜元素。含有浓缩矿质元素的古生物大量死亡、堆积和埋葬可能会形成含矿层。细菌在很多方面影响沉积作用，这不仅是一个重要的地质作用因素，也是地壳地球化学循环中的一个重要环节。细菌化石对于研究沉积岩和沉积矿产的成因具有非常重要的作用。

5.2　复原远古生物生活习性的"镜子"

生物遗迹是生物在活动过程中留下的痕迹，它可以反映生物的行为习性和生活方式。甚至在重要的地层界线附近，它还可以反映生物多样性的变化情况。

5.2.1　遗迹类型与成因

人类很早就注意到了岩石上的遗迹印痕（遗迹包括足迹、爬痕、穴痕等），特别是恐龙这种大型脊椎动物的遗迹。许多世纪以来，人们一直认为，这些遗迹是大洪水之前的巨人留下的。后来，人们又发现了一些较小的动物留下的痕迹，如蝾螈的遗迹、动物的尾巴或腹部在爬行时留下的痕迹、软体动物的通道、蠕虫留下的条痕、节肢动物纤细的爪痕等。

图 90 恐龙脚印

那么，印痕怎样才能够被保存下来呢？首先，泥土必须柔软。痕迹能留下，反映了该地区以前可能是沼泽，或者曾经遭受到一定程度的水淹。其次，动物活动过的泥地必须变干变硬，然后被另一层泥土覆盖。最后，沉积物不能遭到任何破坏，而且这两层泥土在变成岩石、板岩、泥灰岩或砂岩后，仍需保持为独立的两部分。如此一来，在挖掘出这两片地层后，当它们重新分开时，就会露出印痕。这些印痕有时是凹陷的，有时则是凸起的。

　　一个地层中可能留有许多印痕，却找不到任何骸骨化石。在研究和解释印痕时，除了需要系统的方法，直觉甚至想象力也能发挥作用。同一只动物，缓慢行走和奔跑或跳跃会留下截然不同的遗迹。一只拥有尾巴的两栖动物（如蝾螈）既可以沿着沼泽边缘行走，也可以在水中游泳或潜入水底。因此，在解释这类遗迹化石时，必须与现存的类似动物进行比较，也就是让这些动物在软石膏或软黏土上行走，并详加观察它们留下的痕迹。

　　要判断是何种动物在几千万年前甚至几亿年前留下的印记，并不是一件简单的事情。有时候，多种痕迹交叉混杂，表明该地区动物活动十分频繁。即使留下的痕迹无法帮助我们辨识动物的确切身份，但仍然有助于我们推断出这只动物可能归属哪个动物类别（例如确定它是某一科的恐龙），同时也可以让我们大致估计这只动物的大小、体重和外形。

　　此外，要了解当时沉积环境的构造与深度，以及史前海岸线的位置，遗迹化石可以提供有用的线索。科学家可以对比较确切可靠的遗迹化石进行系统而精确的观察；脆弱且不易认定的遗迹化石则可以作为观察时的印证和补充。有了这些化石，我们可以尝试重新建构往日的景象，尽管往昔已经永远消逝，但现在仍然依稀可辨。

5.2.2　恐龙足迹的启示

　　早期恐龙之所以能够战胜体形远比它庞大的原始爬行动物，一个很重要的原因是，恐龙是双足直立行走的肉食动物，其运动的灵活性明显优于它的旁系亲戚。那么，科学家是如何知道的呢？其实是通过对恐龙骨骼化石和遗迹化石的研究推断出来的。恐龙是主要生活在陆地上的爬行动物，四肢直立于身体下方，而不是向两侧伸展。恐龙的臀窝朝向两侧，股骨的第四粗隆部向内，两者契合，从而形成了直立的步态。

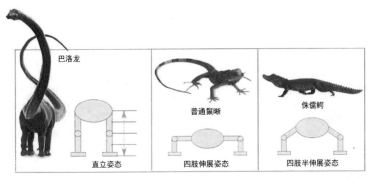

图 91　恐龙与鳄类的比较

　　恐龙足迹化石也可以反映恐龙是群居还是独居。在中国，恐龙足迹的研究始于 1929 年，这一年古生物学家在陕北神木的侏罗纪地层中发现了禽龙类的遗迹。此后，1940 年，在辽宁朝阳发现了 400 多个恐龙足迹。1949 年以后，多个地方的恐龙足迹陆续被发现。2001 年，在甘肃永靖盐锅峡两平方千米的范围内，古生物学家共发现了 10 个恐龙足迹化石点、数千个足迹。其规模之大、数量之多、种类之丰富、保存之完好，都是亚洲前所未有的。2010 年在山东诸城，人们又发现了一个包含 3000 多个恐龙足迹的大型化石点。这些足迹表明，一群大型蜥脚类恐龙正在进行集群迁徙，而另一群大型兽脚类恐龙正在追捕一群小型鸟脚类恐龙。这可能是世界上迄今为止发现的最大规模的恐龙追捕现场。

图 92　恐龙足迹

　　恐龙足迹还能够反映恐龙的奔跑速度。恐龙的体形普遍较为庞大，给人一种笨重迟缓的感觉。事实上，在恐龙家族中，有许多恐龙的奔跑速度超过了人类。梁龙类的大型恐龙步履缓慢，速度明显慢于人类步行的速度。但三角龙、特异龙、双冠龙和美颌龙等的奔跑速度都快于人类。尤其是美颌龙，其奔跑时速竟然可以达到 60 多千米。

5.2.3　遗迹见证生物进化的重要事件

　　遗迹化石的价值不仅体现在恐龙发现上，还有更惊人的发现。2018 年，中国科学院南京地质古生物研究所的科学家发现了生活在前寒武纪末、具有附肢的两侧对称动物留下的遗迹。这些遗迹呈现出两条平行的爬迹与潜穴相连的特征，反映了造迹生物行为的复杂性。造迹生物时而钻入藻席层下取食和获取氧气（当时的海水可能是缺氧环境，而藻席的光合作用可以在局部产生氧气富集），时而钻出藻席层在沉积物表面爬行。据此，科学家判断这是一种身体两侧对称、具有附肢的节肢动物或环节动物，也可能是它们的祖先。这一发现将地球动物行走的历史向前推至前寒武纪末，在国内外产生了重要影响。

图 93　前寒武纪末遗迹化石（图片来源：陈哲提供）

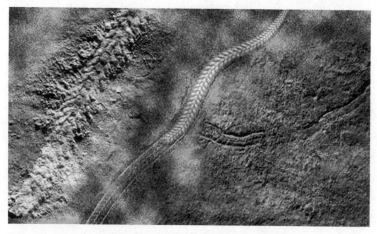

图 94　夷陵虫复原图（图片来源：陈哲提供）

　　通过对前寒武纪和寒武纪遗迹化石的研究和对比，科学家还发现了一个非常重要的现象，即两个时代的生物面貌差异非常大。由于前寒武纪生物界的遗迹化石非常罕见，已被发现的遗迹也非常简单，因此其所呈现的生物面貌是寂静的、主要营固着底栖生活、彼此相安无事、被动营养取食等。相比之下，寒武纪的遗迹化石异常丰富和多样，生物面貌显得极为复杂，生物活动频率极大提升，活动范围也显著扩大，生活形式非常多样。这反映出当时的海洋环境发生了巨大而显著的变化。

　　那么，遗迹化石为何能够吸引古生物学家的关注呢？这是因为遗迹化石虽然不能像实体化石那样保存生物的完整形态，但从遗迹化石中可以分析出生物的大致形态和行为特征，如它们是如何走路的。在前寒武纪到寒武纪的转折时期，遗迹化石显得尤为重要，因为那时候保留下来的动物实体化石十分稀少。前寒武纪的生物没有骨骼，只有在极其特殊的条件下才能保存下来。当直接证据缺失时，学者们只能通过间接证据——遗迹化石——来推测当时的环境，进而反推是哪些生物留下的遗迹、它们有没有复杂的动物行为等。那些比较可靠的遗迹化石能够为我们提供前所未有的信息。

图 95　恐龙脚印

5.3　人类仿生学的"启蒙老师"

生物精妙的形态结构和运动机理往往是人们模仿和创造新发明的灵感来源。例如，昆虫对于飞机设计制造的启迪、菊石对于潜艇构想的重要启发、海绵对于光纤研发的重要性等。

5.3.1　菊石为什么能够在海里自由沉浮

菊石是一类已经灭绝的海生无脊椎动物，属于软体动物门头足纲。它们的壳体表面通常长有类似菊花的线纹，因而被命名为"菊石"。菊石的祖先杆石（现在被划分为菊石类）出现在晚志留世，在泥盆纪初期演变出了最早的菊石。它们繁盛于中生代，但到白垩纪末期就灭绝了。

菊石的壳体大小差别较大，小型菊石壳的直径不到 1 厘米，但巨型菊石壳的直径可以超过 2 米。大多数菊石的壳呈旋卷形，有些则呈直形、螺卷形或其他不规则的形状。虽然同样是旋卷形壳，但是包卷的程度有所不同，有的包卷疏松，有的包卷紧密。菊石能够在海里自由沉浮，这与它们壳体的构造密切相关。

菊石的壳由原壳、气室和住室三部分组成。原壳又称胎壳，是菊石壳体最初形成的部分，一般为球状或桶状。随着软体的生长，壳壁不断加长，软体后部分泌出坚硬的隔壁，用来托住软体。当生长到一定程度后，软体与隔壁脱离并前移。在不断生长的过程中，隔壁的数目在不断增加，相邻隔壁之间形成许多空间，这些空间被称作房室。最前方软体伸出壳外的出口处的房室最大，它被菊石软体的内脏等"占领"，被称作住室。住室所占的空间在不同的菊石中有很大的差异。有些菊石的壳口上还附有口盖。当软体缩入壳中时，口盖将壳口封闭，以保护软体。其余的房室由于被用来充填气体和液体，因此被称作气室。隔壁与壳壁的接触线叫作缝合线，它是非常重要的分类标志。每个隔壁上都有一个细小的圆形孔，那是体管所在的位置。体管通常位于腹部边缘，少数菊石的体管位于背部或靠近中心的位置。

图 96　白垩纪海洋动物

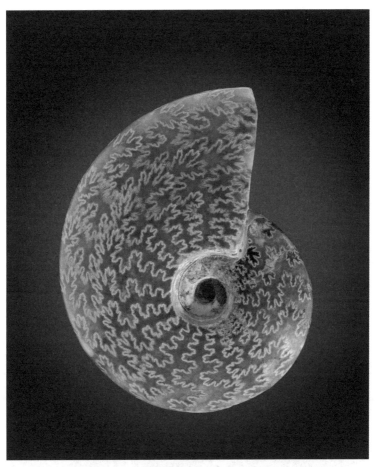

图 97　菊石化石

专家认为，体管能将软体与壳体连接起来，使得气室中充满了液体，从而通过调节身体在水中的密度来控制沉浮，因此菊石能够在海水中随意升降。此外，菊石的软体能将体内的水射出，以使身体向后运动。不过，根据人们对菊石祖先鹦鹉螺运动方式的推断，菊石游得并不快，且运动连贯性较差。

头足类除了美丽的外表，体腔的精密结构也让人们赞叹不已，是仿生学中的典型样板。受此启发，人类模仿头足类中鹦鹉螺的排水和吸水来实现上浮和下沉的方式，开创了现代潜艇的制造技术。1954年，世界上第一艘核潜艇就被命名为"鹦鹉螺"号。法国科幻作家儒勒·凡尔纳写的《海底两万里》一书中，船长用来在海底航行两万里的船也叫作"鹦鹉螺"号。

图 98　鹦鹉螺号潜艇

5.3.2 海绵精妙的结构

海绵是地球上最古老、最简单的多细胞动物。海绵没有神经、消化和循环系统，主要通过海水流经自己的身体来获取食物和氧气。海绵动物体壁内有较多的针状骨骼，它们的身体由硅质或钙质的"骨针"来支撑。这些小小的海绵骨针为科学家合成高性能电子和光学材料提供了一种新的仿生技术途径。

此前，人工合成的具有光电和半导体性能的金属氧化物（如氧化钛和氧化镓等），都是在高温、高真空等特殊超自然条件下合成的。受海绵精密的骨骼结构的启发，科学家从海绵骨针中提取了硅蛋白作为模板，在自然条件下成功催化合成了无定形氧化钛。此外，通过与海绵骨针蛋白作用机理相近的方法，科学家仿生出了合成金属镓氢氧化物和氧化物半导体材料。

光纤作为当今信息传输的主要载体，已经开始走进千家万户。然而，如今光纤的制作工艺仍然需要高温、高洁净等超自然条件。而在自然条件下生长的海绵骨针不仅具有光纤的基本功能，还具备一些更优异的性能，这必将为人类探索性能更优良的光学传输技术和"环境友好"的制造工艺提供重要的启示。

图 99　海绵动物

图 100　海绵动物精密的骨骼结构

图 101　光纤

同样，海绵的硅质骨针具有良好的韧性，不易折断，堪称自然界不会碎的天然玻璃。其中的秘密在于，海绵骨针具有孔洞的多层微观结构，能够阻挡微小的裂缝进一步扩大。仿生学将其应用于大楼的设计之中。

5.3.3　三叶虫复眼的启示

三叶虫是古生代无脊椎动物中的明星，它在进化史上是一个非常成功且延续时间久远的类群。三叶虫的成功进化与其背覆分节的壳有关，也与其拥有多只复眼密切相关。这些复眼使三叶虫能够看到各个方向，及时躲避来自敌方的威胁，这一点非常重要，也给我们带来了很好的启发。仿照三叶虫复眼的结构，人们发明了一种多灯泡的 LED 灯。这种 LED 灯的每一个小灯泡都被安置在非标准曲面上，以便消除光斑并降低累加损耗。这种设计不仅节能，照明效果也大为改观。

图 102　王冠虫和中间始莱得利基虫

| 第 6 章 |

化石揭开原料之谜

许多岩石的形成与化石有关，甚至完全由化石组成。这些岩石是工业产品的重要来源，甚至能够直接形成化石能源。微体古生物组成的岩石以其独特的美感和多样的形态成为许多著名建筑物的装饰材料。

6.1 工业生产的"原料"

化石与多种岩石的形成有关。由于岩石的特性各异，因此它们具有特定的用途。煤是由植物残骸经过复杂的生物化学作用和物理化学作用转变而成的化石燃料，是人类最早使用的矿物能源。石油是由一种有机物质在高温、高压和长时间的作用下形成的化石燃料，是现代社会重要的能源之一。这两种矿物都属于储存起来的化石能源。煤矿资源是在生物登上陆地后才开始出现的，而石油在很早以前就已经存在，是一种更古老的矿产资源。

石灰石的重要性虽然稍逊一等，但同样不可或缺。白垩，又名石灰华，在工业上有很多用途，如用于制作油灰、涂料、滑石粉、建筑材料等。法国卢瓦尔河流域的白色城堡所使用的建材就是白垩。穴居人的洞穴支柱等也是以石灰石为主要材料制成的。此外，白垩是水泥熟料、灰泥的成分之一。其他种类的石灰石则可用于制造碎石和方石。巴黎的许多纪念性建筑物就是用石灰石建造的。

　　磷酸盐中的磷可以来自有机物，也可以直接来自贝壳和骨头，或者间接来自腐烂的有机物和排泄物。磷酸盐在化学工业中具有广泛的应用，可以用于制造清洁剂、摄影产品、化学肥料、农药等。

　　硅质岩不仅是美丽的碧玉，由硅藻类形成的硅藻土多孔、质轻且坚硬，可用作过滤物，制糖业、制药业和化学工业都会用到它。硅藻土也可以用作吸收剂（制造炸药），或者用作滑石粉。燧石是一个相对不为人知的例子。由放射虫类、硅藻类和海绵所分泌的硅，在这些生物死亡时会先溶解，然后沉淀为结晶体的燧石。

　　燧石是人类早期使用的一种物质，也是在几万年中，人类自行加工制造的物质。后来，燧石被用于制作研磨材料、打火石。如今，燧石逐渐进入了现代建筑业。

6.2　生活中珍贵的"装饰物"

　　微生物的世界由各种微生物组成，其中包括放射虫、蠓类、有孔虫、硅藻等。虽然它们都是由一个个细胞组成的个体，但它们的形态变化无穷。钙质或硅质的壳或外骨是由细胞自身分泌的物质形成的。在细胞死亡后，只有壳或外骨会保留下来。历经几亿年，这些微小的骨骼逐渐堆积，最终形成了巨大的沉积岩地层。

　　放射虫类是原生动物的一种。这种虫类从古生代开始就已经存在，现在仍然可以在全球的深海中找到它们的踪影。放射虫死亡后，其坚硬的硅质骨骼会沉在海洋底部。历经各个地质时期，这些堆积的骨骼逐渐形成了所谓的放射虫岩石。目前所知的放射虫有几万种，它们骨骼的形状千变万化，有球形、有角的棱柱形、分叉的刺形、头盔形、有脚瓮形、花篮形、提灯形等，不胜枚举。

放射虫岩质地坚硬，颗粒非常精细，表面光滑且美丽。阿尔卑斯山上这些岩石的厚度可达几百米。放射虫岩形形色色，以碧玉闻名于世。放射虫岩是一种稀有的装饰性宝石，颜色绚丽多彩，从蓝紫色到各种层次的紫色、绿色、黄色、红色，再到棕色。

自古以来，碧玉就被广泛应用于纪念性建筑的装饰，其中较著名的例子是意大利佛罗伦萨美第奇家族所建的"小教堂"，以及巴黎歌剧院的楼梯。目前，碧玉仍被用于制作雕像、装饰品和首饰。

图103　巴黎歌剧院的楼梯

　　硅藻类是另一种具有微小硅质骨骼的藻类，它们生活在淡水或海水中。最古老的硅藻类可以追溯到中生代时期。每个硅藻都能分泌出一个由两瓣组成的硅藻壳，其上有繁复多样的图案，如珠子、网络、斑点、小刺、杆形物、凸纹、平行纹或放射纹等。这些图案组合在一起构成了美丽的图案，如同精美的首饰。无数硅藻壳累积在淤泥中逐渐形成了所谓的硅藻土。令人惊讶的是，在 1 立方米硅藻土中，约有 500 亿个硅藻。硅藻壳的厚度竟然可以达到几百米。这种白色易碎的物质常被用作研磨剂，被称为"硅藻土"。硅藻壳是一种非常轻的微小化石。土耳其伊斯坦布尔的圣索菲亚大教堂的圆顶就是完全用硅藻土建成的。

图 104　土耳其伊斯坦布尔的圣索菲亚大教堂的圆顶

　　另一种常见的岩石是白垩。它的形成过程与一种单细胞浮游生物（球藻）有关。这种藻类在温带和热带的海洋中繁殖，它们的细胞外围覆盖着各式各样的钙质外壳。在白垩纪时期，它们迅速繁殖，几乎遍布整个欧洲，到处都可以看到白垩的沉积。有统计数据表明，1立方厘米的白垩中就含有约1000万个钙质外壳。如此微小的生物却能够集聚成如此庞大的白垩岩石，这种体积上的极端对比令人十分惊讶，足见大自然的伟力是何等强大。在"白垩海"中，要堆积如此巨量的钙质细泥显然需要漫长的时间。在良好条件下，1立方米白垩中所含的钙质外壳与10万立方米海水中所含的量相等。

图105　英吉利海峡白垩纪白垩陡崖

有孔虫类也是单细胞生物，通常由凝集的碳酸钙构成硬壳，种类繁多。它们的介壳由一个个小室相接而成，结构极复杂。有孔虫的大小差异很大，最小的个体只有 0.001 厘米，最大的个体则有 10 厘米，两者之间的差距达到了 1 万倍。从古生代到现在，它们广泛分布于海洋的浅海区，形成了许多岩石。在远古时代，一些体形较大、形状较奇特的有孔虫类化石常被人们视为麦粒、钱币或小扁豆，由此引发了许多传说。通过微体古生物学的观察，可以发现另一个有趣的现象：在白垩所含的燧石团块中，存在尚未矿物化的浮游微生物。这是因为在燧石形成的过程中，硅质会先溶解，然后逐渐沉淀，变成结晶状。这些团块会困住一些微生物，并将它们变成类似木乃伊的物质。虽然这些微生物的有机质已经发生了变化，但它们的形状保持不变，且一直清晰可辨。

古埃及人开凿并利用由有孔虫化石形成的石灰岩修建了举世闻名的金字塔。

图 106 金字塔

| 第 7 章 |

化石传奇在延续

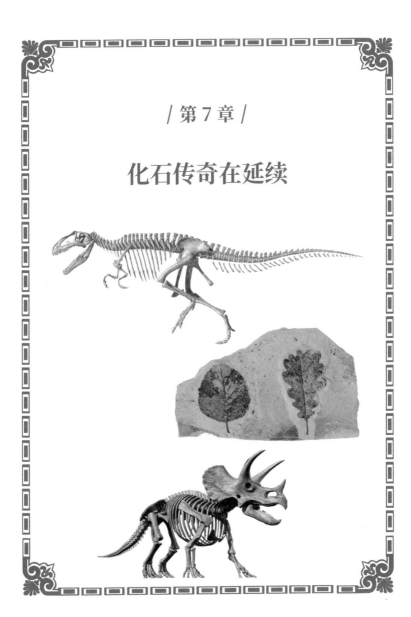

化石作为知识的载体，传递着自然和生命的奥秘。如今，化石已成为认知生命进化的实证、启迪自然观和人生观的物证来源，也成为弘扬地方文化的名片。化石是自然博物馆科学教育不可或缺的内容。

7.1　化石开启人类智慧

化石蕴含着丰富的知识，无疑为我们认知自然和生命带来了巨大的启示。化石资源不可再生，十分珍贵。化石让我们学会科学地观察世界、尊重自然规律、重视生物多样性发展、摆正人类自身的位置。只有这样，我们才能拥有更美好的未来。

7.1.1　化石是不可再生资源

能源是人类赖以生存和发展的重要物质基础。煤炭、石油、天然气等化石能源在 19 世纪到 20 世纪近 200 年来，为人类文明的进步和经济社会的发展提供了强大的支撑，至今仍然是全球最主要的消耗能源。2006 年，全球消耗的能源中化石能源占比高达 87.9%，我国的这一比例更是高达 93.8%。

但是，化石能源的不可再生性和人类对其巨大的消耗使化石能源正在逐渐走向枯竭。据有关预测，化石能源将在 21 世纪被开采殆尽。同时，化石能源的利用，特别是煤炭的使用，会带来大量的二氧化硫和烟尘排放，也是造成环境变化与污染的关键因素之一。大量的化石能源消耗会引起温室气体排放，导致全球气候变暖。IPCC（政府间气候变化专门委员会）所做的气候变化预估报告指出，二氧化碳作为温室气体的主要组成部分，其中 90% 以上是由人为二氧化碳排放产生的。

　　大自然的演变遵循不可逆规律，矿产资源一旦消耗完毕将是不可再生的。我们对此应当保持高度的警惕，并珍惜化石能源。

图 107　海上钻井平台

7.1.2 化石演绎地球与生命的规律

地球生命史极其漫长，化石记录了至少 38 亿年的历史。以寒武纪大爆发事件为标志，之前漫长的生命进化持续了 30 多亿年，历经原核生物、真核生物和多细胞生物三大起源与进化阶段。寒武纪大爆发是生命史上的一个重要里程碑，它奠定了显生宙 5.39 亿年来后生动物大发展的基础。从无脊椎动物占据主导地位，到鱼类时代的兴起，接着是两栖类时代、爬行类时代，最后是哺乳类时代的到来。生物优势类群的更替引发了一场又一场生物进化的浪潮，推动了生物从简单到复杂、从单细胞到多细胞的进化历程。

其实，生命进化并非一帆风顺，而是此起彼伏、呈螺旋状向前发展。寒武纪大爆发、奥陶纪大辐射、中生代生物进化和新生代生物进化事件代表了生命史上一次次波澜壮阔的进化高潮，显生宙以来的 5 次生物大灭绝则是生命进化的低潮。这表明，在漫长的地球生命进化史上，既有缓慢地渐进进化，也有剧烈地跃进进化，是一个渐进与跃进并存的进化过程。生物进化过程呈现不同的节奏，进化的渐变和跃进在时间和空间上相互交织、相互影响。

图 108　生物进化与地质年代概念图

7.1.3　化石见证了生物多样性的发展

化石见证了地球生命自诞生之日起就走上了生物多样性发展的道路。生命进化早期的原核生物时代生物多样性发展十分缓慢。但从真核生物出现后，由于其具备生理、生化功能更完善的结构或细胞器官，以及有性生殖能力，因此大大提高了物种的变异性，为高等多细胞生物发展奠定了基础，推进了生物进化的速度，使生物多样性得到了显著的发展。到了寒武纪，化石见证了生命大爆发，几乎所有现代动物门类的祖先都在这一时期涌现了出来，为现代生物多样性的形成奠定了发展基础。随后的古生代生物多样性呈现出一个高原台面般的发展态势。中生代生物多样性则在古生代末生物大灭绝的背景下呈现强烈反弹、迅速发展的趋势。新生代延续了这种生物多样性发展趋势，直至迎来了当今生物多样性发展的面貌。

从另一个角度看，生命进化如同大树的生长，由主干和附枝组成。现代生命之树的主干在寒武纪大爆发中已经建立起来，因为这一时期出现了几乎所有的动物门和大多数的动物纲。奥陶纪出现了绝大多数的动物目。之后，生物多样性的发展主要体现在动物的科、属、种各个级别生物单元的不断丰富上，这使得生命之树枝繁叶茂，越来越繁盛。在挺过了一系列灾难性灭绝事件后，地球终于迎来了如今的生命多样性面貌。

7.1.4 化石让人类找到了自身的位置

化石研究建立起来的生物进化谱系清楚地表明，人类只是生物圈中的一员，在地球庞大而复杂的生物大树上仅是树冠上的一个物种。人类是地球生命史上最近的 700 万年来才诞生和进化的物种，如同在地球 24 小时的时钟刻度上最后一分十几秒才出场。或许人类的出现与否并不会妨碍其他生物的生存与发展。但相反，如果没有生物界其他兄弟姐妹的存在，如没有被子植物的存在，就没有我们的衣食住行；没有昆虫、鱼类等，就没有我们的美味佳肴；没有狮子、老虎等兽类动物，人类将会变得无比寂寞。

因此，人类对其他动植物的依赖远超过动植物对人类的依赖。人类应当谦卑，与其他生物友好相处。事实上，保护生物多样性和它们生存的环境也是在保护人类自己。

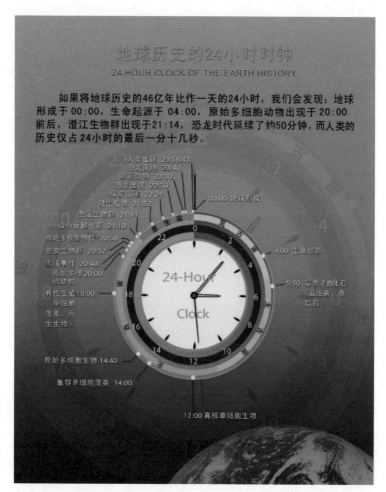

图 109　地球历史的 24 小时时钟（图片来源：南京古生物博物馆）

7.2　化石文化魅力无穷

7.2.1　进化论的基石

近几十年来，一系列重要化石群的发现为达尔文的进化论提供了越来越丰富和重要的佐证，越来越清晰地勾勒出地球生命演变的恢宏历史。化石记录表明，地球上最早的生命出现在 38 亿年前。生命进化经历了从简单到复杂、从单细胞到多细胞的过程。这表明，生物多样性随着生态空间的变迁、优势生物的更替而不断发展。

化石为生物进化的趋势、节奏和形式提供了充分的证据。澄江生物群的发现表明，寒武纪大爆发是地球生命史上的一个重要里程碑，奥陶纪大辐射则是规模最大的辐射进化事件。同时，地球生物也经历了一系列大灭绝事件。例如，5 次生物大灭绝使得生命进化如同一首交响曲，有高潮和低潮，呈螺旋状向前发展。

化石提供了生物进化的关键性证据。大量带有羽毛的恐龙的发现表明，天上飞翔的鸟儿起源于一只小型兽脚类恐龙。马的进化过程充分表明，它经历了从三趾马到单趾马的演变过程。四足动物，如提塔利克鱼，是典型的鱼类向两栖类进化的过渡型动物。

化石建立了错综复杂的生物谱系关系，表明地球上的生物拥有共同的祖先，即万物共祖。它们经历了漫长的进化过程，通过不断优化自身的结构和功能以适应不断变化的自然环境。在进化过程中，生物对自然环境产生重大而深刻的影响。它们在与自然协同发展或抗争中不断进化，呈现出如今地球生物多样化的面貌。

世界各地不断发现的化石为达尔文进化论提供了源源不断的实证，成为进化论发展和完善的基石。

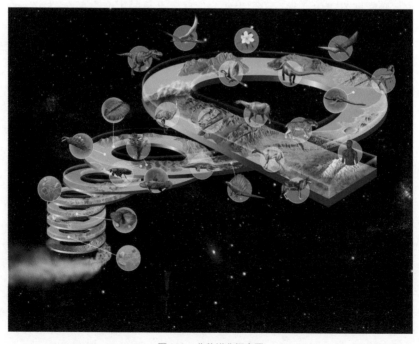

图 110　生物进化概念图

1分钟化石小课堂

- **三趾马**：三趾马是哺乳动物纲奇蹄目马科的一个灭绝的属，生存于距今 530 万年~ 260 万年间。三趾马的体形比现代马小，其前后肢均为三趾，中趾粗而着地，侧趾较小但不着地。
- **兽脚类恐龙**：大多数是肉食性恐龙，头骨高耸。它们用两足行走，趾端长有锐利的爪子，嘴里长着像匕首或小刀一样的利齿，牙齿前后缘常有锯齿。躯干较长，尾巴粗壮，脊椎数目不定。

7.2.2　打造地方文化发展名片

中国是化石资源极其丰富的国家，近半个世纪以来，一系列具有世界影响力的化石群在中国被发现，如澄江生物群、热河生物群等。许多地方也因此建成了国家地质公园或国家遗址公园，成为国际古生物学者和化石爱好者的向往之地，也成为当地发展地质旅游的金字招牌。近年来，以化石为主题的村落、化石文化特色小镇应运而生，很好地弘扬了化石文化，提升了中国作为古生物大国和强国的形象。

　　随着化石的不断发现，化石文化得到了进一步的宣传，而化石内涵，尤其是化石美学，也得到了深入的挖掘和体会。不同地区发现的化石有着各自的特征和面貌，这些化石共同构成了一个地区独特的化石景观，呈现出一幅别样的化石画卷。每一块化石都在叙述着一个美丽的生命故事，每一个地区的化石生物群更是在奏响一段精彩的远古生命的赞歌。随着一个又一个化石的发现，化石美学变得越来越丰富多彩。

图 111　云南澄江野外站（图片来源：中国科学院南京地质古生物研究所）

　　化石美学不仅丰富了化石科学的内涵，提升了人们鉴赏化石的水平，还有助于宣传地区的地质旅游。在化石文化的传播工作中，化石美术发挥了积极的作用，极大地推动了化石文化的发展，以及化石文化特色小镇的建设。

图 112　自贡恐龙博物馆（图片来源：自贡恐龙博物馆提供）

7.2.3　博物馆科学和美学教育的交汇点

博物馆是展示科学成就、传播科学知识、弘扬科学精神和传授科学方法的殿堂，集科学、艺术与体验为一体。追求美和传播美是博物馆重要的存在价值和历史使命。美学精神不仅贯穿于博物馆的建筑、陈列、环境和功能等多个方面，还体现在对展品的解读和理解中。20世纪初，中国近代史上著名的思想家和教育家蔡元培先生发表了《以美育代宗教说》等一系列演讲和文章，他指出科学教育和美感教育相辅相成、相互促进，并且可以发展人的个性、改善人的生活、给人带来有益的娱乐。在蔡元培先生看来，矿物标本和动植物化石或色彩绚烂，或足够精致，或形状奇伟，都很容易产生美感。

博物馆科学教育是新时代博物馆的首要任务，这是国际博物馆协会对博物馆功能的新定义，也是对博物馆发挥更大社会功能的要求和期望。在博物馆科学教育中，美学教育必不可少。对古生物博物馆科学教育而言，化石美学是其不可分割的组成部分。

一块冰冷的化石如何才能激发参观者的兴趣，使其产生与远古生命的共鸣呢？化石美学教育不可或缺。如果一个充满科学气息、艺术氛围和有趣场景的主题展览本身能给参观者带来感官上的艺术熏陶和美感教育，那么化石美学教育则会给观众带来心灵和思想上的美感和震撼。

化石之美源自人类长期以来对化石的探究，是人类在探索化石和科学的过程中产生的感性认识的升华。化石美学首先体现在化石自身散发出来的美感，如化石的造型之美、奇妙之美、亘古之美和进化之美。它使科学家倾其一生去钻研，去穿越久远的历史，揭开化石朦胧的面纱，还原远古生物的真实面貌。

图 113 恐龙骨架

　　化石可以扮演多种角色，它像望远镜一样，将遥远的、看似与现今没有任何关联的生物呈现在我们眼前。我们惊讶地发现，那些毫不起眼的蓝细菌释放了几十亿年的氧气，让我们今天能够呼吸到清新的空气。5.18亿年前的寒武纪大爆发开启了通向现代生物多样性的征程。化石又像潜望镜一样，将那些深不可测、笼罩着一层神秘面纱的事物呈现在我们眼前。通过这些化石，我们明白，正是它们铺就了生物进化的恢宏之路，引领科学家进入探索生物进化真谛的自由王国。

　　化石美学不仅仅体现在化石本身的形态上，还体现在化石蕴含的深邃哲理和进化思想中。如今，人们通过不同的艺术手段将化石加工成各种富有美感的化石展品和化石工艺品，向公众展示化石之美。

图114　自贡恐龙博物馆

　　化石美学教育可以通过专家的讲座进行系统的传授，通过
讲解员的讲解进行引导，通过化石鉴赏活动进行宣传，也可以通
过野外化石采集结合地层剖面和地质现象进行亲身体验。除此之
外，还可以借助图书、画册、音像制品等形式让化石生动鲜活起
来，在社会上广泛传播。众所周知，恐龙已经成为古生物文化的
一种符号，是激发青少年热爱科学的启蒙动物。一块看似普通的
化石却蕴含着丰富的科学信息，包括生物形态、生物属性、生活
方式、营养类型、环境背景、地理位置，以及它在生物进化中所
处的地位与作用等。这就要求我们的展览要有故事性，讲解员讲
解的故事要生动有趣。

图 115　陆龟化石

　　化石美学应该成为自然科学博物馆弘扬的文化内容，成为博物馆科学教育的组成部分。只有领悟了化石之美，才能在参观博物馆的生物进化展览时产生美的审视，享受化石的美丽和美妙，感悟地球生命的伟大与奇妙。化石美学也应该融入到化石的鉴赏过程中，成为化石收藏家和鉴赏家提升自身修养的基础。只有领悟了化石之美，才能真正提高化石鉴赏能力，进而成为化石收藏与鉴赏的永恒动力。

图 116　南京古生物博物馆

7.2.4 更多奥秘有待解开

有文字记载的化石采集和研究已有二三千年的历史。但将其作为一门学科，有组织地开展化石采集和研究仅有二百多年的历史。在这二百多年的时间里，化石在世界各地不断被发现。随着野外考察装备和交通工具的升级，过去无法涉及的无人区、高寒地区及危险地带，现在也留下了地质古生物学家探险的足迹。例如，科学家在南极冰盖高原挖掘出了恐龙化石，这证实了遥远的中生代南极曾是恐龙生活的乐园。此外，随着显微镜技术和扫描电子显微镜技术的发展，以及化石样品处理手段的进步，过去鲜为人知的显微生命世界也开始进入科学家的视野。许多地球历史上出现的微观生命现象不断为人们探究地球生命史，尤其是前寒武纪漫长的生命进化过程提供依据。地球历史上曾经盛极一时的许多重要生物群因为大量化石的发现而被人们所认识，成为揭示地球生命史的窗口。

然而，目前发现的化石只是冰山一角。科学家和人们对化石的发现仅限于地球表面的一小部分，许多地方仍未涉及，存在探险上的空白。同样，地球生命史上还有大量谜团需要更多的化石来佐证，例如，生命诞生之谜、寒武纪大爆发的起因、有花植物的出现及人类历史的进化等。随着更多有趣且有意义的化石被发现，或许还会呈现出更多新的疑问和奥秘。如同变化莫测、永远在演变的地球一样，化石的采集和研究将永远持续下去，永无止境。科学家的使命始终是在探索的道路上不断前行。

图 117　诸城恐龙国家地质公园

尾语

《了不起的化石》这本书，我断断续续写了几年。随着对化石认知的不断深入，我愈发感受到化石的了不起之处。因此，我不断补充《了不起的化石》书稿的内容，最终从多方面、多角度、多学科对化石的重要信息进行了归纳和解读。

在撰写《了不起的化石》一书的过程中，国内外不断有新的化石发现，尤其是中国不断传出发现珍贵化石的消息。例如，可与澄江生物群相媲美的清江生物群、拓宽了寒武纪大爆发地理范围的临忻动物群、佐证1400万年前热带雨林曾向北扩张至福建一带的漳浦生物群、展现志留纪有颌类与无颌类辉煌的重庆特异埋藏化石库和贵州石阡化石库，以及解密第一个三维立体翼龙的新疆哈密翼龙伊甸园等。近期，河北省传来了一个好消息，那里发现了世所罕见的近乎百分之百完整保存的角龙和剑龙化石。

感谢国内外古生物学家越来越多的新发现，为我们带来源源不断的新鲜知识，这使我们在认识和理解化石的过程中不断更新和丰富认知，对地球与生命的过去和现在有了前所未有的深入了解。

　　接连不断的化石新发现令人振奋，也引发了更多的思考。地球之大，曾经在这个家园生存过的生命难以计数，不同地质时代遗留下来的化石更是不计其数。我们所发现的还只是沧海一粟，我们所认知的生命史主要是由实体化石建立起来的。若要更全面地了解地球生命史，还需要发现更多不同类型的化石，以进一步丰富和完善我们的认知。

　　化石的不断发现使这些了不起的化石持续散发其特有的魅力，为人们提供更多有趣且不平凡的知识，带来更多的想象空间和乐趣。